你的努力，这个世界看得见

陈飞◎主编

中华工商联合出版社

图书在版编目（CIP）数据

你的努力，这个世界看得见 / 陈飞主编. —北京：中华工商联合出版社，2019.9

ISBN 978-7-5158-2540-3

Ⅰ. ①你… Ⅱ. ①陈… Ⅲ. ①成功心理－通俗读物 Ⅳ. ① B848.4-49

中国版本图书馆CIP数据核字（2019）第 154529 号

你的努力，这个世界看得见

主　　编： 陈　飞
策划编辑： 胡小英
责任编辑： 李　健
封面设计： 王玉美
责任审读： 李　征
责任印制： 迈致红
出版发行： 中华工商联合出版社有限责任公司
印　　刷： 北京飞帆印刷有限公司
版　　次： 2019 年 10 月第 1 版
印　　次： 2019 年 10 月第 1 次印刷
开　　本： 710mm × 1020mm　1/16
字　　数： 185 千字
印　　张： 14
书　　号： ISBN 978-7-5158-2540-3
定　　价： 49.80 元

服务热线： 010-58301130
销售热线： 010-58302813
地址邮编： 北京市西城区西环广场 A 座 19-20 层，100044
http: //www. chgslcbs. cn
E-mail: cicap1202@sina.com（营销中心）
E-mail: gslzbs@sina.com（总编室）

编　委　会

前　言

有一个人，小的时候家里很穷，买不起灯，他就挖空一只萝卜，倒点灯油进去，插上灯芯，成为一只“萝卜灯”。在这个“萝卜灯”下，他不舍昼夜，刻苦攻读，每天用在学习上的时间都比别人多得多，后来他成了著名的数学家，他叫高斯。

有一个人，想要成为演员，苦练基本功，每天都去拜访电影公司，希望获得机会。但第一遍拜访下来，500家公司都不愿意聘用他。他不灰心，又进行了第二轮、第三轮、第四轮的拜访。在第四轮中，他在拜访到第350家时，他成功了。后来他成了著名的电影演员，他叫史泰龙。

还有一个人，梦想创立一番事业，在最艰难的时候，自己一个人背着麻袋去义乌小商城批发货物，自己摆地摊赚取收入。后来他召集18个人东拼西凑了50万元，开始艰难起步做互联网。在孜孜不倦的努力下，他后来成了著名的企业家，他叫马云。

……

世界上总有这么一类人，他们总是在努力学习、努力工作、努力经营自己的事业，不荒废每一分每一秒可以利用的时间。他们有理想，为了实现理想，他们好像不知道疲倦，不知道困难为何物？

时光荏苒，这一类人成了人群中的佼佼者。他们站在高处，接受别人的仰望和崇拜。

他们和你我有什么不同吗？既没有，也有。说没有，是因为他们和我们一样，都是普通的人，有差不多一样的起点，一样的资质；说有，是因为他们有我们或是不曾，或是不愿付出的努力。

努力是会有回报的。这一点已经有太多太多的俗语名谚说过了。“功夫不负有心人”“吃得苦中苦，方为人上人”“梅花香自苦寒来，宝剑锋从磨砺出”，所有的这些，都说明要成功，要成为你想成为的人，你都必须要努力。成功没有捷径，努力是成功必须要经历的过程。

努力过的人都知道，你的努力，这个世界看得见。你的每一次努力，都会被积累，都会让你成长，当你努力得多了，你得到的回报也就更多更大。

你即将翻开的这本书中有10个主人公，他们来自各行各业，他们的年龄有大有小，也许他们对你来讲并不出名，但他们有一个共同的特征，那就是他们通过努力成了他们想要成为的自己。

这是他们的故事，也是未来我们的故事。

因为他们的经历可以帮助我们，让我们知道如何去努力，应该在哪些方面努力，努力包括的元素又是哪些。

这些很重要，因为这些正是让我们改变浑浑噩噩、平平庸庸的状态，取得成功的关键。

其实，人生就好比是一个大战场。在我们面前的只有两条路：成功或失败。大多数人都不愿意选择后者，可大多数人又都成了后者。蕴藏其中的就是我们不够努力，没有找到成功包含的努力的基因。

任何人的成功，都需要做出大量的努力，目标专一，聪明地坚持走自己的路，除此以外，别无他法。

目录 CONTENTS

第二章 改变不了环境，就改变自己的思维和行为 019

每个人的经历千差万别，每个人的环境也各有不同。作为外部的环境，是我们无法改变的。但是，如果环境束缚了你，你还可以改变自己，换一种思维和行为，你就可能突破环境的束缚。记住，环境主宰不了你，而你却是能主宰自己的。

第三章 心有多大，世界就有多大 043

在我们的世界里，一切皆有可能。现实与梦想并不遥远，你要的只是为自己设定好努力的方向，用积极的心态去做就够了。因此，不要把你的心变小了，心有多大，世界就有多大。要成就梦想，就要壮大你的心灵空间，做到胸怀宽广，眼界高远。

第四章 不断地学习，不断地进步 063

学习是一个人前进的动力。当一个人拥有了梦想，并且为了自己的梦想而不断奋斗的时候，其整个人都会是光芒四射的，而学习则是我们走向成功的必备武器。当一个人愿意努力学习，为自己的人生打拼的时候，他的人生就会是精彩而辉煌的。

第五章 永远做一个充满正能量的自己 085

成功是需要正能量的，它是予人向上和希望、促使人不断追求、让生活变得圆满和幸福的动力。如果说能量也有味道，那正能量予人的，一定是干净馨香，让人舒服的。

第六章 不要犹豫和纠结，有目标就要迎头而上 109

目标是你前进的动力。你需要给自己定一个合适的目标，远大，有难度，但又符合你的实际。定下了目标，你要做的就只有一件事：行动。不要犹豫和纠结，唯行动带来成功，唯迎头而上才能实现梦想。

第七章 世间最容易的事是坚持，最难的事也是坚持 129

坚持的意义不用多言，世界上的成功无不源于坚持。坚持既是世间最容易的事，也是最难的事。说它容易，是因为每个人只要愿意，就做得到；说它难，是因为真正能坚持到底的，却只有少数人，正是这些少数人，最终成了我们崇拜和仰慕的对象。

第八章 梦想的实现总是先苦后甜的 153

吃得苦中苦，方为人上人。在实现你梦想的路上，“苦”永远都排在“甜”的前头，这个世界上没有安逸平顺的成功，只有艰辛坎坷换来的成功，你今天吃得下苦，明天才尝得了甜。

第九章 奔跑起来，把自己“逼”上巅峰 173

努力不是被动的，而应该是主动的，你要学会逼自己，逼自己远离舒适区，逼自己远离安乐窝，断绝自己的退路，把自己放在不得不努力的境地中，然后奔跑起来，唯如此，你才能更快地到达顶峰，傲视天下。

第十章 你的努力，这个世界看得见

你要相信，你的每一步努力，世界都记着，它会在最合适的时候将这些努力叠加起来，给予你最想要的生活。你要相信，你的每一步努力都不会被辜负，它回报你的即便不是现在，也必然会在将来的某个时刻到来。你要做的，就是去努力，就这么简单！

第一章

你很优秀，但一定不能不努力

张莉莎/文

每个人都有一些优秀的特质，但这份“优秀”却必须要通过努力才能体现出来。若不努力，再“优秀”的人也只能成为庸人中的一员。“优秀”和努力应该说是最为匹配的搭档，因为这个世界上有一个通行的道理，努力者未必优秀，但优秀者必定努力！

| 找到并发展自己的“优秀”特质 |

有句话说：“上帝是公平的，当他为你关掉一扇窗时，必定为你打开了另一扇窗。”其实也是，一个人生而为人，如果抛开相貌和出身的差异不说，其实每个人都有一些优秀的特质，关键就看我们自己能不能找到并发展它了。

也就是说，我们每个人在某一方面都有“优秀”的特质，但问题却是，很多人并不相信。他们平凡着，自认为自己和别人有着天壤之别，自认为自己永远赶不上别人，自认为自己生来就是过客。

这些想法一直桎梏着他们，让他们不敢努力，不敢抗争，结果他们就那么一直碌碌无为，生活没有起色。

我以前和朋友聊天，谈到优秀者和平庸者的问题。经常会觉得自己很平凡，智商不高，身体的协调性也不好，同时也没有很好的毅力和意志力。但我也看到了一个自己的优点，那就是我并不甘于平凡，总想让自己活得更精彩一些。但我的朋友和我恰好相反，我发现她的缺点是没有较强的毅力和意志力，然而智商及身体协调性都很好。不过有一点取得共识的是，我们都是普通的人。

聊着聊着，我突然觉得，我为什么要把我定格在普通人身上呢，这不就是一种自我催眠吗？其实，我为什么总是拿自己的短处和别人的长处相比呢？其实仔细一想，我不还有爱思考、有商业头脑的优点吗，这些都是非常“优秀”的特质。

因此，我告诉朋友，我们别这样互相比较了，我们都是“优秀”的，我们也不会一直普通，如果我们对自己有更高的期待，如果我们能够努力下去，我们也会活得非常有价值，活得和那些优秀的人一模一样。

从我的成长历程中，也很能说明一点。

在我的学生时代，我总认为自己不够聪明，由于我生性敏感，当我越这样想的时候，我就越觉得大家都戴着“资质平庸”的有色眼镜在看我。但其实，我在良好的家庭氛围和父母的言传身教的影响下，养成了善于思考、善于行动的习惯。而这种习惯发挥出来，我是可以变得“聪明”的。

很长时间以来我并没有意识到自己的这种特质，这种情况一直持续到了我的初中时期。初三时，我的语文老师曹老师上第一节课时，向同学们提了一个课外知识问题。当时，几乎所有的同学都表现出了疑惑的神情，而这个问题恰恰是我知道的。可能是曹老师看出了我了然于心的表情，便让我回答。我站起来小声地回答以后，曹老师说：“非常棒，你回答得很正确，以后回答问题要大点声音哦！”我害羞地点点头，心里久久不能平静，周围的同学向我投来诧异又赞许的眼神。

从那时起，我就知道，我并不是不“聪明”，其实别人可以的，我也可以，只要我保持善于思考、善于行动的习惯，并且坚持下去就可以越来越优秀。

所以，千万不要相信自己只是普通人中的一员，那只能代表你自己把自己困住了，就像哲学家苏格拉底的那位助手一样。

苏格拉底风烛残年之际，自知时日不多，看着长期陪伴自己的助手，就想点化一下他。于是苏格拉底告诉助手：“我的生命将尽，但我遗憾的是没找到一个可以传承我思想的弟子，他不但要有非凡的智慧，还要有充分的信心和相当的勇气，你能帮我找到他吗？”

助手点了点头，并且开始不辞辛劳地在各地打听有没有这样的人才。可是，助手领来一个又一个的人，都被苏格拉底拒绝了。有一次，当助手再次无功而返时，愧疚地跪在苏格拉底面前。苏格拉底这时却硬撑着坐了起来，拉着他的手对他说：“真的是辛苦你了，可你知道吗，你找来的那些人，其实还不如你。”

助手诚惶诚恐：“我一定竭尽全力，把您想要的人给您找来。”

半年之后，苏格拉底已经病入膏肓，将要告别人世，眼看要找的人还没有眉目。助手更加惭愧，在老师面前长跪不起。苏格拉底看着他，失望地摇了摇头。又过了很久，苏格拉底才哀怨地告诉他：“本来，最优秀的人就是你自己。只是你不敢相信自己，才把自己给忽略，给耽误，给丢失了。”说完，苏格拉底永久地闭上了眼睛。

看，因为不相信自己是优秀的，助手错过了一个最好的机会。其实，每一个人都有一些优秀的特质，千万不要把自己归结为一个平庸、一无所成的人，我们成功的起点，首先就要相信自己是优秀的，只不过你还没有认识、发掘和重用自己罢了。每个人都是优秀的，也是告诉我们，在我们的生命成长中，不要轻言放弃命运的主动权，也许，经过一番努力，我们会让所有人发现我们的优秀，惊叹我们的优秀呢！

记住，你比想象中的你要强大得多

在这个世界上，有一条对每个人都通行的准则：我们的能力几乎比我们想象中的要强大得多。

为什么这么说呢？因为我们大多数人都无法真正认清自己的能力，经常是遇到一点困难或阻力，自己感到累了，力不从心了就放弃了。他们不知道，自己如果再努力一点，再坚持一段时间，也许结果就会完全不一样了。即便那些在他人口中有天大能力的人也往往如此。

还是说一下我小时候的事。

我曾经自认为自己成绩并不优秀，因此也极不自信。而在我经过曹老师的那一次提点之后，我开始有了些自信，并且认为自己能够做得更好。也就是从那次“事件”开始，每次上课，当有老师提问时，我都会踊跃发言。没想到，那次期末考试时我的语文成绩竟得了全班第一，这是我之前从没有过的事情，连我自己都觉得意外。

后来，我开始喜欢上了学习，我愿意积极地表现自己，除了语文以外的其他科目，我也取得了很大的进步。学习中我也会主动和其他同学沟通与分享。最终，我以优异的成绩考入当地最好的高中。

我要说的是，我们每个人的能力都是深不可测的，你永远比想象中的那个你要强大得多。我们一定不要给自己设限，认为自己做不到，达不到某种高度。真的达不到吗？不是的，那是你还没有在思维中摒除那个想象中的你。

我遇见过一位在创业阶段屡遭挫败的企业家，他对我说，他创业开始时遇到的那些困难其实都是小困难，只是后来这些困难变成了他看起来无法逾越的障碍。不过再往后，他又发现原来自己是被这些困难唬住了，这些障碍并没有他想象中的那样难以逾越。

他采用了一个方法。他在办公室上摆了一个盒子，然后将“一切皆有可能”的标志贴在盒子上。每次遇到难题，或者他脑海中的挫败思想又开始“蠢蠢欲动”时，他便把相关的难题的文件或资料投在盒子中。并且告诫自己，一定能把这些难题解决。这样过了一两天，事情圆满解决了，而当他回过头来再看时，奇妙的事情发生了，他觉得这些问题解决过后，一点也不像当初想象中的那么难。

有很多时候，我们觉得自己完不成任务，或是认为自己达不到某种目标，都是我们自己把自己吓退了。要知道，所有的局限都是我们自己给自己设定的“错误”。相信每个人都有这样的感觉，有很多时候觉得生活都快过不下去了，任何事情都不顺心。但是后来呢，生活照样会继续，我们收拾好心情，继续向前。过了一段时间以后，也会发现自己熬过了最困难的时期。也许你自己都会惊讶于自己的能力，但它确确实实地发生了。这些都是我们人生的功课，走过的磨难越多，人才会变得越优秀。

想到什么事情就去做吧，你远比你想象中的要强大得多。坚持下去，努力下去，就没有“不可能”的事。只有回头时才会看见，原来我们想象中的那些坎，其实都算不得什么，在努力和坚持面前不堪一击。

马克·吐温说：“你生命中最重要的两天是，你出生的那天和你找到答案的那天。”而这个答案，我认为就是明白自己的能力是无穷的时刻。因为从这一刻开始，我们不会惧怕于艰难险阻，不会在梦想面前望而却步，我们会勇敢地走下去，直到看见自己发光发彩的那一天。

你要相信，人生没有过不去的坎，没有蹚不过去的河。你如果不抽掉自设的局限，让自己变得强大，就没有人替你勇敢。

不要轻易埋没了你的才华

我们每个人都是优秀的，都有一些擅长的事情，那就不要轻易让懒惰埋没了我们的才华。要知道，天空中掉下来的永远只有雨雪，绝不会有面包。因此，同样是有才华，成功的人从来不会仰望天空，坐等机会的降临，而懒惰者却从不奋进，只是躺在安乐窝里，希望哪一天机会能够砸中自己。

我大学毕业后，顺利进入一家国企上班。这是一份在很多人看来颇为羡慕的工作。刚开始，我也十分珍惜，尽力将工作做到最好。父母和朋友也认为应该就这样稳定地过一辈子，工作几年后，结婚、生子……

然而，我在这里工作一年后，却感觉非常失落。每天重复的工作，让我开始思考，这是不是我想要的生活？人生的意义到底是什么？我是不是就要这样平凡地过一生？是不是相夫教子就是女人的使命，而事业和成功就是男人的专利？

每天在夜深人静的时候，我都会这样扪心自问。当有一天身边的一个女同事像往常一样抱怨生活时，我突然感到害怕，这是不是就是十几年后的我……

我开始更加想要突破自己。当时，恰逢我皮肤很差，使用了一款朋友介绍的面霜。这位朋友的父亲是一名中药专家，他针对各种肌肤问题，纯手工偏方研制了这款中药面霜。开始我只是抱着试试看的态度，没想到用过一段时间之后皮肤有了明显的好转。当听到身边的朋友抱怨皮肤问题时我也有意无意地推荐给她们，听到她们热情的反馈，看到她们一天天变得更加漂亮和自信，我也感到格外满足。直到有一天，一个朋友说“你为什么不自己创业做护肤品呢？”这句话惊醒了我。那一晚我彻夜难眠，开始思考接下来的路。

紧跟着，我就创立了自己的一款护肤品牌，在短短一年的时间里解决了十几万人的皮肤问题，同时也为近十万人提供了就业机会。在创业的过程中，我逐渐成长，逐步蜕变，也让我更加懂得作为一名女性应该有的思想与人生。

可见，“没有机会”，这只是懒惰者的一种借口，是埋没我们才华的毒瘤。有很多人都是这样，当他们安于现状、故步自封但又渴望改变的时候，往往就会抱怨没有机会，那些好的机会都是别人的，其实不是。这个社会给我们创造了很多机会，就看抓不抓得住了。如果你真的想要改变，那就问下自己“我足够优秀吗？”“我足够自信吗？”当你在内心很肯定地回答了以上问题时，你就知道自己有能力行动了。

人是不能消极地等待机会的，那样只能让你的才华无用地跟随你一生。有了目标，就要立即行动起来。可能有的人会觉得自己“怀才不遇”，虽然世界上也会有千里马难遇伯乐的事，但终究“怀才不遇”还是我们自己的懒惰造成的。因为现在的世界，有太多机会供我们“怀才能遇”了，每一个病人对医生都是一个机会，每一篇发表的文章对写手都是一种机会，每一个客户对销售是一种机会，每一次商业买卖对商人也是一种机会，是展示你才华的机会，也是一次你交朋结友的机会。

这是一个既然生存就要奋斗的世界，你要利用好这些机会，将自己的才华都施展出来，去追求你想要的成功。

弗雷德里克·道格拉斯，1817年出生于美国马里兰州的一个种植场，母亲是黑奴，父亲是白人。他出生以后也成了一个奴隶，也没见过父母。道格拉斯8岁时被送到巴尔的摩做了别人的家奴，后来又被转卖到种植园，天天受到种植园主的鞭打。

1838年9月，21岁的道格拉斯在朋友的帮助下，化妆成水手从种植园中逃了出来。逃出来以后，他一刻也没有忘记自己曾作为奴隶受到的种种虐待和苦楚，为此，他开始积极投身于废奴运动中去，想要帮助更多的奴隶摆脱枷锁。

经过几年的努力，道格拉斯成了一名成功的演说家、作家和政治家。他创办的《北极星报》，成为促进废奴运动扩大和发展的重要工具，他的三部自传也成了美国黑人文学的开山之作。

想一想吧，像道格拉斯这样，一开始连身体都不属于自己的奴隶也能通过努力获得成功，那么现在与道格拉斯相比，拥有更多机会的我们，是理应做得更好的。

不要因为懒惰埋没你的才华，也不要因为哀叹“怀才不遇”而感觉才华得不到施展。当你懒惰和抱怨时，那些努力的人已经走在了通往成功的路上。有心的人总是会从各种各样的小事中发现机会，并能很好地抓住这些机会，为自己的成功铺路。

| 无论现在怎样，努力就有希望 |

在我接触的人中，我发现有太多的人有这样一种情况，那就是现在的境遇不好了，就变得哀声叹气，牢骚满腹。而在这种哀怨中，他们不再努力，而生活也就一直在原地打转，虽然自己内心很想改变，可事实却是一丁点也没有改变。

生活，我觉得不是因为有了希望才去努力，而是努力了才有希望。即便现在的生活很糟很苦，只要我们还懂得努力，那就一定有改变自己的一天。

在这个世界上，我们常常看到的是，只有平庸的人才会抱怨，而成功的人则会一直走在努力的路上。抱怨的人从来没有真正认识到，造成他们不能改变的原因不在于外部环境，也不在于别人，而在于他们自己。他们不努力，所以他们的力量和精神也集中不起来，终使自己陷入抱怨—平庸—抱怨—平庸的无限循环之中。

我不是富二代，也不是官二代，我只是一个很普通的女孩，起点也很低，可我现在还能做出一番事业。我认为这一切的原因只在“努力”二字。

我刚创业时，面临着太多太多的问题。没有任何市场经验，不知道如何把握好产品质量，不知道如何提升专业技能，不知道如何与客户进行有效的沟通，也不知道如何加强团队建设。

不知道不可怕，我可以努力地学，努力地做。在朋友的指点下，我开始每天阅读相关书籍，钻研护肤专业知识，学习市场营销。同时，我不断地与客户进行沟通，招聘更多代理，半年的时间我组建了五个代理团队，赚得了创业路上的第一桶金，这也是我事业的开始。

试想一下，如果我不努力，在不知道面前彷徨失落，我可能一开始就撑不下去了。

我们每个人都会遭遇失败困苦，虽然环境不尽如人意，可是这又怎么样呢？努力下去，我们才会打开缺口，冲破不如意的牢笼。

我还看过这样一个真实的故事。

有一位在本地小厂工作的工人，发现工厂的效益一降再降，很快就要走向破产的境地。在这种情况下，他没有过多犹豫，果断地选择了辞职。

没了收入，他决定拼一次。于是，他用工厂一次性的工龄补贴款，在城郊开了一家小店。店开起来以后，他不怕辛劳，做那些别人都不愿意做的活；同时，他也诚信经营，绝不做欺瞒顾客的事。就在他这种忘我付出、不懈努力的情况下，他的小店生意慢慢变好了，有的人在买过东西后，记住了他的店名，下次再买时，宁愿多走几步路也要来照顾他的生意。

不久，眼见这家小店已不能满足当前的业务，他又鼓足干劲另开了分店。照例是工作努力，诚信经营，依靠着自己的信誉，他的生意越做越大。

短短几年之后，他就成为当地下岗职工的楷模。而他原来所在的工厂倒闭了，之前那些在工厂效益不行的时候选择观望的职工也因为工厂的倒闭拿不到一分钱的工资，生活陷入了困顿之中。

如果当初这位工人也选择了抱怨环境，不去努力，结果会怎么样？他很可能会在工厂倒闭的时候，也成为失业大军中的一员，生活难以自保。

这就是在环境不尽如人意时，努力与不努力的差别。努力吧，不要活在抱怨之中。想要成功，就不要在感觉一切不尽如人意时灰心丧气。自己没有付出心血和汗水，就不要在生活中哀叹不幸。

如果你想要做一件事，就努力地认认真真地去做。因为那是你自己的事，只有你自己努力才能达成。真正的事业拼的都不是快，而是慢火细熬出来的，无论现在怎样都无所谓，你要的只是燃起希望，努力下去。

努力是优秀最好的注脚

你比想象中的要勇敢，比你看起来要强大，也比你认为的要优秀。但我想恐怕只有通过“努力”来实现了。换言之，努力应该是优秀最好的注脚。

现在的社会，充满着诱惑，也有太多让自己能够放纵的东西。有的人，在最好的年纪，却不懂得展现自己，而是耽于在“玩乐”中消磨掉自己追求理想的斗志，或者是在房价高、工作难这些现实的问题前怨天尤人，他们忘了自己如果努力一把，结果可能就大不一样。

爱迪生说过，天才靠的是99%的勤奋和1%的灵感。著名作家格拉德威尔则提出过一个“一万小时定律”，他说：“人们眼中的天才之所以卓越非凡，并非天资超人一等，而是付出了持续不断的努力。1万小时的锤炼是任何人从平凡变成超凡的必要条件。”在格拉德威尔眼中，这种锤炼就是努力。

这个世界其实没有所谓的天才，天才都是后天训练出来的。一个人能否成功，不靠天分，不靠运气，只靠持续不断的努力。无论我们多么优秀，但如果不努力，我们是不可能有所成就的。

我看过一篇《付出8倍的辛劳》的文章。它讲的是美国前国务卿赖斯，这个黑人女性出生的环境非常恶劣。她的父母告诉她：“要在美国立足，黑人孩子必须要付出比白人多得多的辛劳。”同时，她的父母也一直向她灌输“只要勤奋努力，力争上游，就会得到回报”的理念。

有一次，赖斯和她的家人去白宫参观。但因为她们家的黑色皮肤，一家人都被禁止入内。从那时起，赖斯就在心里发誓：“我长大以后一定要在白宫里工作。”

于是，赖斯不分昼夜地发愤学习。她付出比别人多出8倍的努力来激励自己。26岁时，赖斯就获得了国际关系博士学位，被斯坦福大学聘为助教，后来又成了斯坦福最为年轻的教务长，也是斯坦福的第一位黑人教务长。

1998年，赖斯步入政坛。2001年，赖斯担任美国总统国家安全事务助理，开始走进白宫的大门；2005年1月，她成为美国国务卿。

当我读到这篇故事时，我是受了深深的震憾的。赖斯通过比别人多付出8倍的努力获得了成功。因此，我在遇到困难，甚至是想要放弃时，我也会问自己：“我付出了多少努力？”不说8倍，我就算付出得比别人多3倍，多5倍也好。只要我努力得比别人多，我就同样也能展现出自己潜藏的优秀。

还有一件事也很触动我。那是有一次我在法国看画展，被一幅色彩绚丽的油画吸引，画中一朵朵小花含羞默默又跃跃欲试，渴望绽放最美的自己。我突然想到，人和花是一样的。花的意义就是绽放，开放后可能会有危险，但只有打开自己才能够授粉、孕育种子，一直延续。每个人在生活和工作中，只有把自己的本事拿出来才能知道自己原来也可以做到。所以，我一直坚持不懈地去学习与创造机会，寻找绽放时最美的自己。只有足够爱自己、喜欢自己，才能成为更好的自己。

是的，我们本来优秀，而把这些优秀的本事拿出来我们才能绽放自我，而这个途径，就得通过努力去实现。

比尔·盖茨被誉为电脑天才。13岁时，他接触到了世界上第一批电脑终端机，开始学习计算机编程，从此沉迷其中，7年后他开始创造微软公司。这7年的时间里，他的勤奋刻苦无人能比，凭借这份韧劲，他最终缔造了庞大的微软帝国。

达·芬奇练习绘画，最早是从画一只鸡蛋开始的，从此他日复一日、年复一年地练习，从而为自己的绘画水平打下了扎实的基本功，为他成为世界级的绘画大师创造了必要的条件。

我国的田径飞人刘翔，从7岁开始勤练跨栏，一直到19岁，也是不知流了多少汗水，才最终取得了最后的成就。

你要相信，因为努力，才能绽放最美的自己，才能成为更好的自己。优秀的展现是需要时间的，不付出大量的心血和劳动是不能将优秀显现于世的。努力，可以说永远都是优秀最好的注脚。

第二章

改变不了环境，
就改变自己的思维和行为

刘勇/文

每个人的经历千差万别，每个人的环境也各有不同。作为外部的环境，是我们无法改变的。但是，如果环境束缚了你，你还可以改变自己，换一种思维和行为，你就可能突破环境的束缚。记住，环境主宰不了你，而你却是能主宰自己的。

逆境是人生的常态

天有不测风云，人有旦夕祸福。我们每一个人生存于世，就必然要面临各种艰难困苦的事，也会感受到不少幸福时光。我们要力争正确地认识到这一点，不以物喜，不以己悲，给自己一个正确的思维和心态。

可是，世界上能够真正认识到这一点的人却不多。大多数人总是在遇到好事时阳光灿烂，遇到困难时就唉声叹气，甚至久久地陷于泥淖中无法自拔。这对我们做人做事都是不可取的。有些事，既已成为事实，无论你再悲伤，再哀叹，都不能改变它分毫。

记得在荷兰的阿姆斯特丹，有一座修建于15世纪的寺院，寺院中有一个石碑，上面就刻着这么一行字：“既已成为事实，只能如此。”

是的，我们要的就是这种心态。

我从很小的时候就经历了很多所谓的“困境”。但我很庆幸没有被这些“困境”牵着走，而是一心要通过自己的努力去突破“困境”，到达“美好”的境地。

小的时候，家里很穷，我读小学的时候家里连每学期3.8元的学费都很难凑齐。这个时候我就在想，我可以靠自己挣奖学金来弥补学习费用。于是，在小学二年级时我就挣到了学校的2.5元优秀学生奖励金，给家里减轻了负担。

中考时，我因为英语成绩太差终究没能继续学业。之后，我去伊犁呆了14年，以修钟表谋生。刚去的时候，人生地不熟，找不到摊位，只好去建筑工地给人搬砖，调沙灰浆。在16岁的年龄我就会为了挣10元钱的工钱而去抬只有成人才能抬得动的预制板！

在伊犁呆了三年后，我才终于找到了自己的第一个摊位，虽然连续3天未开张，但是我并不认为这会影响到我，仍然努力打理着自己的摊位，终于从第4天开始一天天生意好起来！

之后，我又进行过创业，前后经历了5次失败，最后在2001年8月在伊犁启动了第6次创业：经营一个6平方米的小百货店，2002年又接手30平方米的第2家店，开启了我的经商之路。再之后，我因为个人原因又转战四川，但从来没有放弃过努力，并最终建立了自己的内衣品牌。

这些年我一路走来，酸甜苦辣都尝过。当然，更多的是人们眼中所谓的“困境”。但我认为我和有些人不同的是，我能够认识到祸福共生是人生的常态，我没有把“困境”当成“苦难”，既然“困境”已到来，就要接受它，而不是消沉其中，要自己做出些改变。

我有个朋友，大学毕业后在一家非常不错的外企工作，高额的薪水曾是很多人羡慕的对象。他本以为在这家企业能够好好地混下去。可是有一次，他因为自己的失误让公司的一笔大合同最终泡汤。他也因此遭到解雇。被解雇后，他好像整个人都垮了，整天埋怨自己的这次失误，却没有很好地想过自己要怎样重新开始。

我为他感到悲哀，劝过他很多次。大概半年后，他才找到一份新工作，重新走向职场，振奋了起来。

威廉·詹姆斯说："完全接受已经发生的事，这是克服不幸的第一步。"接受无法抗拒的事实，既然是第一步，那么有没有第二步？有，那就是继续努力，直到用"顺境"来代替"困境"。

有一个著名的心理学家，他曾给学生上了一堂十分成功的演示课。在课堂上，心理学家拿出一只造型非常别致的杯子给学生们看，学生们都为杯子的造型吸引，纷纷发出赞美之声。这时，心理学家故意失手，杯子落在教室的水泥地面上摔成了碎片。学生发出惋惜声。心理学家则指着杯子碎片说："你们一定对这只杯子感到惋惜，但这种惋惜也无法让杯子恢复原形。如果你们今后在生活中也发生了无法挽回或遇到了艰难困苦的事，请记住这只破碎的杯子。"

是的，逆境是人生的常态，是福不是祸，是祸躲不过。既然躲不过，那就接受它，用自己的力量去改变它，而不是被它牵着走，整日叹息。虽然，每个人遇到"逆境"时情绪都会受到一定影响，但我们一定要操纵好情绪的转换器，面对不能快速转变的事时，就抬起头来，对自己说："这没什么大不了的，它不可能打败我。"紧接着，就要在思维里补充新东西，用努力来转换它，控制好自己，才能解救自己。

| 环境不重要，自强不息才重要 |

现在社会上有一句话很流行，叫作“理想很丰满，现实很骨感”。有很多人也确实如此，他们将自己的平庸、不能成功都归结给了外部环境，似乎这一切都是“残酷”的现实所致，与他们没有半点关系。

我们每个人都有自己生存的环境，作为外力的环境有时候的确是我们无法改变的，但这个环境却并非就是造成我们现有境况的全部，如果深层次追究下去，我们就会发现，问题还是在于我们自己，因为我们虽然不能改变环境，但我们却可以通过改变自己，去适应这个环境。

我从小到大，经历的环境不可谓不恶劣。

小的时候家里贫穷，交不起学费，一方面我自己去挣学校优秀学生奖励金，一方面我还积极帮家里做活挣钱。我家是烧砖瓦窖的，那时候一放学，我就会帮父亲踩一两个瓦泥墙。当时，我踩的瓦泥墙甚至比成年人踩的都还要好。在伊犁的那段时间，环境于我也是特别艰难，但我也从来没有被环境打倒过，我总是想用我的自强不息，去改变这一切，去适应这个残酷的环境，并在这个环境中冲出一片天。

人生其实就如水一样，你只能去适应环境，遇上高山，就削出深谷。如果改变不了环境，那就改变自己，时时处处自强不息，只有这样，才能不被环境打败，克服人生路上的困难，战胜更多的挫折，实现自我。

以前，我曾读过阿济·泰勒·摩尔顿的故事。就环境而言，阿济·泰勒·摩尔顿遇到的比我们还艰难百倍。他在当上美国财政部长的时候，曾在美国南卡罗来纳州做过一次演讲，在这次演讲中，他说：“我的母亲是聋子，没有办法说话。我甚至从小都不知道自己的父亲是谁，也不知道他是否活着。而我这一生找到的第一份工作，是在棉花田里帮别人锄地。”

听到这儿，台下的学生都呆住了。他继续说：“这些情况很不如意，但我们总可以想办法让我们自己得以改变。一个人的未来会怎样，不是因为环境，不是因为运气，也不是因为你生下来的状况，只需要自强不息，全身心地投入，朝理想的目标前进即可。”

是的，“现实很骨感”，可是这又怎么样呢。一些成功的人遭遇的现实或许比你我遇到的都还要“骨感”，但是他们没有被环境打倒，而是自强不息地在自己身上寻求突破。最后，他们做到了。就凭这一点，你还有理由因为一点点压力、艰难就哀叹“理想很丰满，现实很骨感”吗？

托尔斯泰说：“世界上只有两种人：一种是观望者，一种是行动者。大多数人都想改变这个世界，很少有人想要改变自己。”要改变环境，改变自己更为重要。一切成就，其实不是环境造就的，而是我们自己造就的。

有一个黑人小孩，他在父亲的酒厂里看守装酒的橡木桶。每天，他都会将桶擦得干干净净，然后整齐地排好。然而，他生气的是，有时候他即便做好这些工作，一阵风过来，也会把这些桶吹得东倒西歪。

男孩很委屈。他的父亲见到以后告诉他：“孩子，不要哭，我们改变不了风，但我们可以想办法征服风。”

于是，男孩坐下来想了很久，终于想到了一个法子。他到井边打来很多清水，将清水倒进这些桶里。由于增加了重量，再有风来时，桶就不会被吹歪了。男孩高兴地说：“原来增加木桶的重量，就可以让木桶不被风吹倒。”

你看，我们改变不了风，改变不了很多其他的环境，但我们是不是可以改变自己，给自己增加一些重量，我们就不会被环境打倒了。所以，不要一味埋怨环境对自己如何如何不利，也不要把改变的希望寄托在外部环境的改变上，那是徒劳无益的。你得行动起来，改变自己，自强不息地走下去，才能成为真正想成为的那个人。

人穷志不短，努力活出自己的一片天

现实生活中，太多人困在了“穷”这个字上。他们也想改变自己，但在“穷”字面前却变得一筹莫展，于是志向慢慢变小。“穷”就好像一个打不开的牢笼，将他们死死地困在了里面。

这样的人大概就是“人穷志短”吧。而“人穷志短”的危害性是巨大的。贫穷给一个人带来的远远不只是物质生活上的匮乏，更可怕的是它对一个人精神的伤害。它从一个人的尊严开始，逐渐剥夺你的自信、你的良知、你的希望，让你觉得自己是一个卑贱的人，做不成大事，那些好的东西，对你来讲好像都成了奢望，让你已经不敢去追求了。

古语说“寒门难出贵子”，就是这一现象的最佳结果展示。因为家里穷，人的精神就被困在了“穷”中，似乎穷困就是自己的本来生活面目，渐渐地就没有心志去改变这种贫穷的境遇了。

可是，这个世界上却有更多的事实一再证明如果能做到“人穷志不短”，我们则是可以跳脱“穷”的牢笼的。

维达纸业的董事长李朝旺1958年出生在广东江门，是家里五兄弟中最小的一个。当时，李朝旺的家庭可以说是非常贫穷，他的母亲病了没钱看病，哥哥姐姐们也多是小学没读完就外出打工。只有李朝旺占了排行的便宜，勉强算是读完了高中。

虽然家庭贫困，生活艰苦，但这都没压抑住李朝旺一颗争强好胜的心。人穷志不短的他从小就爱折腾，梦想着有朝一日能改善自己及家庭的处境。

李朝旺27岁时，因为陪香港客户吃饭，被当时还不流行的小包装纸巾打动，从此全身心地扑在这种纸巾的生产和销售上。经过不懈努力，他开发的“维达”纸巾不断扩大规模，形成十大生产基地，在20世纪90年代时，维达就坐稳了中国“纸业大王”的宝座。

从李朝旺的故事中，我们可以看出，贫穷并不能真的限制我们的人生，只要我们人穷志远，努力去奋斗，去开拓，我们终究是能活出自己的一片天的。

我的家里也很穷，我父亲只上过一年半的初中，在那个时代算是有点文化的人，我母亲一天书也没读过。在这样一个普通平凡的家庭中，我父母却常常给我们兄弟灌输这样一个理念：“人穷志不短，一定要活出自己的一片天。”这句话也一直伴随我成长。

贫穷是我的起点，但不是我的终点。因为这句话，贫穷没有羁绊我成长，反而成了磨励我的最好名言。

这是一个公平的社会，奋斗和努力会给每一个人奖赏。如果你的起点高，你努力的程度或许会低一些，但你获取的经验却不会太多，而如果你的起点低，你努力的程度就需要特别高，同时你获取的经验也会足够多。贫穷不可怕，一个人最可怕的，只是身处贫穷还不知道如何挣扎。

王尔德有一句名言：“我们都生活在阴沟里，但我们当中总有些人在仰望星空。”如果我们生活在贫困的阴沟里，那我们就更应该获取星空的信息。说白了，贫穷无非是一种思想病，有很多人不能崛起，只是自己困住了自己。试想，假如我在那样的家庭环境里，没有奋发图强的心，没有要成功的欲望，没有努力地付出，我也不可能走到今天，不可能真的有所成就。

| 与其担心未来，不如趁现在努力 |

“安全感”是一个人的本质需求。我们都想要“安全”，可是现实社会却并没有给我们恒定的“安全”，也因此我们很多人都对未来忧心忡忡。例如贷款买房的人背负着房贷的压力，于是就总是担心，如果哪一天突然没了工作，自己该如何还贷。再如现在经常出现的“中年危机”一词，也源于人们的这种担心，担心自己年龄大了，工作不好找，收入降低，自己上有老下有小，该如何养活一家人？

前些日子还看过一个新闻。说是某公司的一名42岁的员工，在公司里工作了十来年，算是元老级的人物。但在被公司辞退以后，却选择自杀来了此一生。我不知道他自杀前想的是什么，但我能猜到的是，多半是因为他对未来的过分担心，他害怕自己不再有安稳的工作，不能撑起一家人的生活。所以，他亲手结束了这一切。

这是一个典型的悲剧。但是我想，凭他的经验和学识，如果他将重心放在去寻求下一份工作，或是自己创业，并且付出比别人更多的努力的话，我想他是能够撑过这个危机的。说不定多年以后再回过头来看，或许他会认为这次事件反而让他迎来了更大的成功。

过分的担心会压垮一个人，最后遭殃的也只能是自己。与其担心未来，那还不如趁现在就努力起来！你要相信，所有的不如意都是可以通过努力来改变的。

我经历过很多的苦日子，但我却很少担心我未来会怎样。不是有句话说“苦心人，天不负”吗？只要我努力，有什么不能改变的呢！

我的家庭，我的父母就是一个例子。我出生时我家在全村是最穷的，但我父母硬是通过烧砖瓦，带着我们走在了村里致富的前列。这也让我从小就树立了一个信念，只要努力，一切都会有的。所以后来我成人后，不论是在伊犁，还是在别的地方创业，无论失败过多少次，遭受过多少挫折，我都告诉自己，我要努力，我要出人头地。

我始终相信一个吸引力法则：你相信什么，就会得到什么，你担心什么，什么事就真的会发生。人生很短，就不要为未知的未来担心，你要相信你有更好的明天，并且去努力，这就足够了。

第二次世界大战的时候，有个士兵在太平洋的海战中喉咙被炮弹所伤，送到医院输了七管血。

救治时，这个士兵写了张纸条问医生：“我会活下去吗？”医生告诉他：“会的。”他又问：“我还能讲话吗？”医生还是肯定地回答了他。

于是，这个士兵在纸条上写道：“他妈的，那我还有什么好担心的呢！”

对啊，不管经历过什么，有什么好担心的呢。从现在开始，我们就要停止忧虑，对自己说：“努力吧，你会更好的。”也许过了一段时间以后，你就会发现，当初的担心根本一文不值。

“生命中只有两个目标，其一，追求你所要的；其二，享受你所追求到的。只有最聪明的人才可以达到第二个目标。”罗根·帕索·史密斯这样说。

无论现实怎样，我们都要努力起来，抛弃头脑中担心的图像吧。生命不长，每天你付出的代价都比前一天高，因为你的生命又缩短了一天。因此每一天你都要更努力，而不是为那些酸苦的担心所销蚀。

过去已经过去，而未来还没开始。如果你想成功，就不要浪费时间，从现在就努力，你的明天就可能大不相同。

面向社会锻炼自己

社会是一所大学。社会让人成功，也会让人失败。但我认为，如果我们抱着在社会中锻炼自己的心态，那我们就会收获很多。毕竟，社会教给我们的经验太多太多了，如果我们能够好好吸纳，为我所用，那我们就必定有所收获。

现在物质生活好了，人们的生活太安逸了。有的青年学生，小时候在优越的环境中长大，没有经过社会的洗礼，走上社会后就变得无所适从，最后被社会淘汰。

这同样是一种悲剧。我们每个人都想成为社会的精英，既然如此，我们就要有意识地面向社会，去向社会取经。

我只读了初中，可能比很多人都更早地步入社会。但我很欣慰的是，我在社会上学到了很多东西，这些东西是在学校里学不来的，只有在社会上才能充分认识和实践。

记得我中考因为英语成绩太差，没有考上高中。当时我的父母都劝我再复读一年，可我看到操劳的父母，毅然决定面向社会锻炼自己。我还记得我初中的班主任老师曾经说过："条条大路通罗马。"

辍学以后，我和父亲一起来到了甘肃天水市北道区，跟着父亲学手艺。那时候，父亲从烧砖瓦转型修理钟表，我跟着父亲学的就是修理钟表。说实在话，我父亲是一个有眼光有魄力的好父亲，十多年的烧砖瓦工作身体透支过多，在1987年毅然决定在近40岁的年龄学习他人生中第二份手艺：钟表修理。

后来我又到了伊犁，在这儿我不光是修理钟表，也很注意留心各种生意机会。在平时与人们的接触中，我会想方设法了解人们的需求是什么。也正是因为接触了形形色色的人，看清了大势。在社会上修理钟表的生意普遍没落之前，我就选好了下一次创业的方向，那就是做内衣和小百货。

社会教会我的还不只是有了更清醒的做生意的眼光，还有很多，例如，挫折教会了我要勇敢，做生意教会了我只有诚信努力才能赢得更多机会等。

所以，我觉得我那么早决定面向社会锻炼自己是正确的。当然，这里我不是要大家像我一样辍学走向社会，而是要将学习和实践结合起来。学习是很重要的事，如果不是看见父母为我的学业过于操劳，我也不会那么早辍学。但是我相信，我即便是在学习中，也会多向社会学习，多向社会取经的。

因为社会可以塑造一个人，对于有毅力的人来说，社会会让他更加强大，会给予他更多动能。如果我们步出学校，被安排在了一个基层的岗位，我认为这是好事。越是基层，社会性就越强，我们更能锻炼自己。

近代工商业巨子荣智健出身富裕家庭，他父亲荣毅仁曾出任纺织工业部副部长、上海市副市长。凭他的家境和条件，他是很容易去一个好的单位或城市工作的。可是荣智健不想这样，他自觉自己的社会经验还不足，就主动提出到基层锻炼，征得父亲的同意后，他来到长白山水电站工作，从最基层的实习生做起，踏踏实实，兢兢业业，而这份锻炼也让他获益良多。

后来家庭发生变故，荣智健来到香港创业。有了先前的经验积累，他努力工作，他的工厂也很快就实现了赢利。经过多年的奋斗，他进入中信香港，并领带中信一跃成为著名的国际企业。

所以，我们不能耽于安逸，要尽早地将自己放在社会中。只有社会，才能考验到你，才能决定你最终能成为一个什么样的人。人生处处是考场，事事都是考题，没有指定的老师，没有指定的书本，唯一指定的只是你的目标，如果你能渡过社会的磨砺，努力地前进，你也必能让自己走向光明。

| 优秀的人找方法，失败的人找借口 |

在人生路上，我们每个人都会遭遇失败。但成功者与平庸者的差距却是，前者在找方法，而后者在找借口。

别人说“失败是成功之母”，所有的失败都一定有某一方面的原因，而如果能够在失败中反省，找到这个原因，我们就不至于在下一次犯同样的错误。世界上那些优秀的人也经历过很多失败，然而，他们在面对失败时，总是会总结很多经验和教训，取长补短，终于跻身优秀者之列。

就像爱迪生发明电灯，他曾经前前后后试验了几千种材料。对此，有人认为他失败了几千次，可爱迪生却不这样看，他对人说：“不，我起码知道了这几千种材料是不能用作灯丝的。”在吸取经验教训的基础上，爱迪生不断改进试验方法，最终他成功了。

可口可乐的发明也是如此。它最开始的配方是失败的，但约翰·彭伯顿没有气馁，而是对失败进行了寻根究底的追溯，最终找到了正确的方法。

毫无疑问，他们都是成功者。但是失败者呢，他们不懂得去找方法，而是总在为自己找借口。例如，接到任务时，会说“任务太难了”；工作完不成时，会说“工作太繁重了”。在这些借口面前，他们丧失了努力的动力，也丧失了自己成功的机会。

要成功，就是要找方法不找任何借口。不要抱怨任何外部的人和事。只要我们开始抱怨，我们就是在为自己找借口。而找借口惟一的好处是安慰自己，但这种安慰又是致命的，因为它会暗示你，你过不了这个坎，你只能停留于此了。有了这种心理暗示，你也就不可能去奋进，去努力，去解决问题。

成功路上不需要借口。不找借口，就是在找方法。要成功，就要保持一颗始终进取的心，尽量从失败中找到自己会失败的原因，然后在下一次尝试中改掉以往错误的做法。也就是说，成功的秘诀是“不怕失败+不忘失败”。

雁过都要留痕，失败不等于没结果、没意义，只是这个“结果”未达到我们的预期，不是我们想要的那个“结果”而已。也有人说，失败只是暂时还没有成功，失败是把有价值的东西毁灭给人看，而成功是把有价值的东西包装给人看。

不要以为失败等于零，换种思维，换个角度，也许你就会发现失败带给你的启发、经验。所以，失败了，不要把时间过多地花在寻找借口上。就算你找的借口再美妙，可那又能改变什么呢。还不如仔细想一想，我下一步要怎么做，要避免什么。下一步的工作做好了，你就可以反败为胜了！这样一来，借口还有意义吗?

不要养成一失败就找借口的习惯，而是要培养自己一失败就找方法的能力。如果你发现自己有找借口的习惯，就要立即改掉它。我可以教给你两个方法。

一是用找方法的习惯来取代找借口的习惯，你要训练自己，遇到失败时，自己要冷静下来，摒弃外部的所有因素，从自己身上找原因，然后确定你的行动方向，并给自己提一个问题“我最快能在什么时候解决”。定出一个期限，然后努力遵守，这样坚持下去，你就会发现自己的思维会发生变化。

二是确定好处与优势，然后立即行动起来。我们有时候找借口，是认为做这件事情付出的代价过于巨大。就像我们前面说的“这事太难了”“这工作太繁重了”一样。这时我们可以从目标和理想的角度来分析，如果你有重大目标，看清楚它实现后的价值，那你就比较有干劲去找到方法，完成任务。

要知道，成功也是一种态度，只找借口的人是不会获得成功的。你可以给自己找一千个一万个借口，但这样做的结果是你毫无幸福的感受可言，你需要的是找到方法，让自己走向成功。“不找任何借口”，是断了退路，是让你置之死地而后生，而在这时，你的潜能才会最大程度地发挥出来，为你的成功铺路。

走进了死胡同，那就要适时变通

在人生路上，有的时候我们也是需要变通的。例如，我们如果选择了一条路，但最后走进了死胡同，无论如何也走不出去，我们就需要变通一下了，如果再固执地“固”住自己，最后受伤害的也只能是自己。

有一个寓言讲的是古时候有个渔夫，他是个打渔好手。不过他有个习惯，那就是每次出海前都要立誓，并且严格按照自己的誓言来执行。

有一年，市场上的墨鱼行情很好。于是渔夫立誓：“这次出海，我一定只捕捞墨鱼。”可这次出海，都是螃蟹。渔夫只好空手而归。等他上岸，他才发现现在市面上的价格，竟然是螃蟹最高了。

第二次出海，他又立誓：“我这次一定只捕捞螃蟹。”谁知，出海以后遇到的竟全是墨鱼。他只好再一次空手而归。

第三次出海，渔夫再次立誓：“这次出海，无论是螃蟹还是墨鱼，都要捕捞。”可这一次，他出海既没有碰到螃蟹，也没有碰到墨鱼，反而是有大量的马鲛鱼。但渔夫仍然严格地遵守着自己的诺言，当然，他也再一次地空手而归。

渔夫再没机会等到第四次出海了，因为第三次出海归来时，他就已经在饥寒交迫中死去了。

渔夫就是钻进了死胡同却又不懂得变通的典型。其实我们在生活中，是经常遇到需要变通的情况的。有的时候，你连续在一个问题上遭遇失败，这时如果强攻硬取，是很有可能撞得头破血流的，但如果变通一下呢，就可能会是另一番结局了。

变通是要我们改变自己的思维和行为。有的事情，如果变换一个角度，就能很轻易地找到解决的办法。汉语中有个成语叫“曲径通幽”，说的就是这个道理。我们可以采用迂回的方式达到目的。

讲变通，要的是你不要死守着老路，而是要看向更好的结局。变通也不是要你朝令夕改，它只是让你寻求不同，让你更好地实现目标。

我听过这么一个故事。说的是有家效益不错的公司，因为要扩大经营，因此面向社会招聘营销主管。

广告打出来后，应聘者云集。当时，招聘者给应聘者出了一道奇怪的考题，就是想办法把木梳尽量多地卖给和尚。

和尚本没有头发，用不着梳子，如何才能将梳子卖给和尚。有不少应聘者认为这是不可能的事，于是拂袖而去。最后只剩下了小张、小王、小李三个人。招聘者见后，就对三人说，我们以10日为限，到时看看你们的成果。

10天的期限很快过去，三人来到公司汇报成果。其中，小张卖出了1把。他说是因为看见一个小和尚在使劲挠着自己又脏又痒的头皮，他递上木梳，小和尚用后满心欢喜，所以买了1把。

小王卖出了10把。原因是他到一座古寺，看见进香者的头发都被风吹乱了。于是找到主持，让他们在香案前摆上木梳，供进香者梳理头发。

而小李则卖出了1000把。原因是他来到一座香火特别旺的古寺。他找到主持，对他说，进香者都有一颗虔诚的心，寺院应有所回赠，以作纪念，保佑他们平安吉祥，多做善事。正好我这里有一批木梳，你的书法又好，可以在上面刻上“积善梳”，就可以送给进香者了。住持一听很高兴，立即订购了1000把。

毫无疑问，小李得到了这次营销主管的职位。

从这个故事中我们也可以看出，墨守成规的人是不会取得成就的，在难题面前，我们就要善于变通，而变通之后，总能在绝境中找到一条出路。

在我的经历中，我也有过很多次的变通。我以前是做修理钟表的生意，但是后来手机普及以后，人们可以方便地用手机查看时间，钟表生意也就变得难以为继了。在这种情况下，我就适时做了转型，开始做内衣加小商品的生意。如果我不会变通，我的生意或许早就失败了。

所以，我们要敢于转变方向。努力很有用，但要在正确的方向上。没在正确的方向上的努力，只能是一条道走到黑，做了很多无用功。

第三章

心有多大，世界就有多大

于建芳/文

在我们的世界里，一切皆有可能。现实与梦想并不遥远，你要的只是为自己设定好努力的方向，用积极的心态去做就够了。因此，不要把你的心变小了，心有多大，世界就有多大。要成就梦想，就要壮大你的心灵空间，做到胸怀宽广，眼界高远。

三分天注定，七分靠努力

谁都想要成功，想要活得精彩，可是人的命运却是各不相同的。对此，我国民间有个说法叫“三分天注定，七分靠努力”。

我是比较认同这句话的。“三分天注定”我将其看作是先天的一些因素，例如出身、生活的环境，这些是我们无法改变的东西。而“七分靠努力”则是我们后天自己可以掌控的。

从这里也可以看出，如果我们的出身不好，环境不如人意，我们是完全可以通过后天的努力来弥补的。如果你出身很好，后天却不努力，那你仍然难以有所成就。人生的命运如何，其实最关键的还是这七分的“努力”。

我出生于农村家庭，家中的条件非常不好，父母为了养育我们吃了太多的苦头。这些是我的先天条件，命运似乎把我的那“三分”抛弃了。但是，我是个懂事的孩子，很小的时候就知道要自己努力才能出人头地。

因为特别不愿意看到父母辛苦，我不到16岁就选择了外出打工。在成都，我从保姆做起，再到经营餐饮，每一份工作我都认真对待，兢兢业业，也会付出比别人多得多的努力。在我这样不断的努力中，我的人生也变得越来越好，现在我已经经营了两家火锅店。这就是“努力”给我的报酬，自此之后，我把那“七分”牢牢地握在了自己的手中。

“三分天注定，七分靠努力”，这个世界上含着金钥匙出生的人毕竟还是少数，大多数人的出身并不见得有多好，如果我们还想有更多的收获，就一定不能忘了“努力”二字。人生最可悲的就是，出身不好，又不懂得努力，全然忘了还有“七分”是可以靠自己来加以改变的。

“三分天注定，七分靠努力”，不管命运如何，我们都应该积极向上，努力创造自己的美好生活。勤奋和努力才是改变命运的基础。

南宋的大思想家、文学家朱熹，从小就立志要成为孔子那样的圣人。他幼时读书时，有一天老师因为外出没有上课，其他学徒们都很高兴，纷纷跑到书院外玩耍。只有朱熹一个人没去，他仍然在聚精会神地研习八卦图。不大一会儿，老师回来了，发现了这个情况，从此对朱熹刮目相看。

因为朱熹的刻苦，他很快就成了博学的人。十岁的时候，他就已经能够读懂《大学》《中庸》《论语》《孟子》这些儒家的经典著作了。当他读到《孟子》中的“人人皆可为尧舜”的话时，高兴地说：“是呀，圣人有什么秘密呢？只要我们努力，人人都能够成为圣人啊。”

是呀，“只要努力，人人皆可为尧舜”。上天不公平地给了我们每个人不同的出身，但却公平地给了我们每个人都可以“努力”的程度。关键就要看你能不能真的“努力”，或者“努力”的程度如何了。如果你能用好“努力”这个品质，那你一定就能成为让上天刮目相看的那个人。

条条大路通罗马，虽然有人一开始就出生在罗马，有人一开始就出生在他处，但对这些出生在他处的人来讲，其实没有关系，道阻且长，只要努力，你终究还是会到达罗马的。

人生有方向，活得不迷茫

一个人要努力，更要懂得朝什么方向去努力。如果没有方向，所有的忙碌都会变成“瞎忙”，没有任何结果；又或者是有的人在错误的方向上努力，那样的努力也是没有意义可言的。

由此可见，规划好自己的方向对我们来讲至关重要。我们对自己的未来进行设计的过程，就是我们规划方向的过程。

我刚到成都时，只有16岁，还没有身份证。那种情况下要找一份工作是很艰难的。最后，我总算找到一位老板，他答应我在他家中做保姆。在那里我一做就是三年。那家的男女主人让我叫他们叔叔阿姨，是特别好的一对夫妻。

我因为从农村出来，也没见过什么世面，啥都不懂。但因为他们，我学到了很多东西。他们从零开始教我，让我知道如何把事情做好，如何正确地走人生的道路。尤其是那阿姨，感觉她就是把我当作她的女儿在教育，不管是工作还是生活，都很用心地在教。慢慢地，我也找到了未来的方向。

后来不做保姆了，我就按之前规划好的，直接进了餐饮行业，并且从基层认认真真做起，努力锻炼，最终我在餐饮行业也达成了自己的目标。

我想，如果没有他们给我方向上的指引，我可能还在懵懂单纯地混日子，说不一定我还会走很多弯路，甚至一直找不到自己要做什么。

因此我很感谢这位阿姨，到现在都还会想起她，可是我只记得她住的地方，后来回去找的时候已人去楼空，这是我心中很遗憾的事情。

现在，我常看见身边有的人抱怨命运的不公，抱怨时运不济。每当听到这样的抱怨时，我有很多次都想站出来问他们："你们有没有想过，你们努力的方向对吗？"

有的人一生都在忙，但最终也没有忙出个结果。这其中，很重要的一个原因就是他们没有注意到自己努力的方向是不是正确的，结果把精力都用在了不重要的事情上，做了很多的无用功，最后当然难以实现自己的目标。

我小时候曾经见过这么一个场景。有次玩耍时，我观察到有两只蚂蚁，一同爬到了一段不长的矮墙下。一只蚂蚁似乎是闻到了墙那一边食物的味道，鼓起劲开始爬上矮墙，想要越过矮墙到达对面。可每次它在爬到一大半时，就会因为劳累、疲倦从墙上掉下来。可它好像并不气馁，每次跌下来后，它都要整理一下重新往上爬去。

另一只蚂蚁开始也尝试着爬墙，可在摔了几次后，它竟然决定往前爬，绕过墙去。很快，这只蚂蚁就绕过了矮墙，找到了那里的食物。而另一只蚂蚁呢，却还在重复地爬上、摔下，折腾到我观察结束时它也没享用到食物。

由此也可以看出确立方向对我们的重要性。看一看周围那些成功的人，只要我们稍加剖析，我们也能轻易地看出他们都是对自己的去向一清二楚的人，他们知道自己为什么要努力，自己努力的前方在哪里。

我们每个人都有一个"自我动机确立系统"。当我们规划好了方向后，这个系统就会“监视”我们与方向有关的信息，并对行为进行纠正，同时下达为实现目标所需要的“决定”。如果方向不明确，这个系统本身就是含混的，当然也不能正常地运作。

“卧薪尝胆”的故事，也就是因为勾践心中有一个非常坚定的“复兴越国”的方向，因此他才能忍辱负重，历尽各种艰辛，最终达成“三千越甲吞吴”的壮举。

所以，我们一定要把握好自己前进的方向，无论做什么事情，都把目标看清楚以后再行动，虽然成功不容易，但有了方向就比迷茫要好很多了，所经历的煎熬、跌撞也同样会少很多。当我们在心中为自己设下目标并持之以恒地向前迈进时，我们的生活也一定会翻开新的篇章。

| 你怎样面对生活，生活就会怎样面对你 |

生活是一面镜子，我们对它笑，它也会冲我们微笑。倘若我们消极悲观地看它，它同样也会带给我们消极悲观。

一个人在生活中总会遭遇顺境和逆境。在顺境时大家都很开心，但人与人的区别却是，如何去面对逆境，是微笑着，还是哭丧着脸。

成功者在面对逆境时，一般都是微笑着的，而平庸者才会哭丧着脸。说到这，可能有的人觉得不可思议，那些逆境让我如此恐惧，如此难行，我还能微笑着面对它吗？

其实可以的，英国著名的物理学家霍金就是最好的例子。

霍金21岁时，全身的肌肉严重萎缩，但是他没有躺在病床上，而是坚持坐着轮椅到处讲课。他在21岁时，医生就判断他“只能活两年”，可他却凭自己坚强的意志、乐观的态度多活了五十多年。虽然他只有三根手指头能够活动，但我们却经常看到他脸上洋溢着微笑。从他的微笑中，我们可以感受到一种超人的力量，可以感受到一种征服人生苦难的坚强。

你怎样去面对生活，生活就会怎样面对你。你冲它微笑，它也会冲你微笑。遇到不如意的事情时，如果我们还能从容应对，还能微笑面对，那就说明我们有一个宽广的胸襟，有一种从容的气度。同时，这样的人也是不怕失败，勇于挑战困难，不为命运所屈服，始终保持自己的目标坚定不移地行动的人。

其实，对待逆境也能保持微笑对我们的好处还有很多。马克思就曾说：“一种美好的心情，比十服良药更能解除生理上的痛苦。”微笑也能让我们常葆年轻，俗话不就说“笑一笑，十年少”吗？

“逆境出人才”，用积极的态度面对逆境，我们才能变得意志坚强，才能敢于迎难而上。

我从16岁开始打工，到现在已经有20多年了。在这些年中，我经历了太多的人和事，吃了不少苦，在自己的努力工作下，也赚到了一些财富。对此，我最深刻的理解就是，每个人进入社会都会遇到很多事，但关键是自己用什么方式去面对，你积极，生活就会让你积极；你消极，生活就会让你消极，这得到的结果是完全不一样的。

正如著名心理学家威廉·詹姆斯所说：“世界由两类人组成：一类是意志坚强的人，另一类是心志薄弱的人。后者面临困难挫折时总是逃避，畏缩不前，面对批评，他们极易受到伤害，从而灰心丧气，等待他们的也只有痛苦和失败。”

所以，如果你还是一个遇到挫折、遇到困难就灰心丧气、消极面对的人，一定要振作起来，你要知道，遭受挫折是常有之事，所有人都会遇到。李嘉诚说“笑着渡过难关”：“你想过普通的生活，就会遇到普通的挫折。你想过上好的生活，就一定会遇上最强的伤害。这世界很公平，你想要最好，就一定会给你最痛。”

我们想要让自己有多好，就会遇到同等程度的困难，这是谁都绕不过去的定律。既然人人都是一样，那又有什么好灰心丧气、消极面对的呢？还不如积极起来，想想好的东西，然后你自然看问题、想事情就会向积极的方面看，朝积极的方面去想，这样你就会看到光明，获得内心的喜悦。

| 只有沉住气，才能最终成大器 |

沉住气，成大器，这是对每一个人来说都适用的成功哲学。所谓沉住气，就是指我们在面对生活中的不愉快时，一定要做到不急不躁，冷静、坦然地去应对。毕竟，无论我们用什么态度去看这些事情，它都绕不开，躲不过，而如果我们心浮气躁，这种“急躁”就会成为我们内心的羁绊，让我们很长时间不能正确地解决问题。而在事情面前冷静、沉着地应对，压住自己内心的不平，在小处忍让，才能在大处获胜。

现代社会，节奏很快，有很多人都养成了一种“心浮气躁”的性子，殊不知“心急吃不了热豆腐”，你越心浮气躁，事情就好像越往你想象中相反的方向行进。

楚汉相争的时候，项羽让大将曹咎坚守成皋，无论刘邦怎么挑衅，都不能出战，只要坚守住城池半个月，他就会领兵来救。曹咎一开始答应得好好的。项羽走后，刘邦、张良带兵来到成皋城下，他们使用了“骂城计”，即在城下不断地辱骂曹咎，还画着各种不堪的漫画，以此污辱曹咎。

在这种情况下，曹咎沉不住气了，立即带领人马杀出城去。刘邦要的就是他出来，等他出来时，埋伏好的军队一拥而上，很快就将曹咎打得大败，成皋也没守住。

曹咎的失败就是因为沉不住气。因为沉不住气，他丧失了基本的判断力，头脑发胀，做出违背常理的事情来，失败就是不可避免的事了。而反过来，历史上一些能够沉住气的人，却能在逆境中奋起，从而成为千古“风流人物”。例如，司马迁在《报任安书》中就举了很多这样的例子：“文王拘而演周易；仲尼厄而作春秋；屈原放逐，乃赋离骚；左丘失明，厥有国语；孙子膑脚，兵法修列；不韦迁蜀，世传吕览。”司马迁本人也是一个能沉住气的人，他因为替李陵说情，惹得汉武帝一怒之下判了他宫刑。在这种情况下，他也没有沉沦，而是忍辱写下了宏伟巨著《史记》，如果他不能沉住气，那又如何能够在中国历史上留下这样华美的篇章呢?

在这个世界上，我们每个人都会遭遇顺境和逆境，痛苦、失败、打击是我们每一个人都要经历和承受的，在面对黑暗的时候，我们一定要沉得住气，只有沉住气，才能最终成大器。

美国前总统里根就是一个沉得住气的人。

里根出身贫困，全家只靠父亲一个人微薄的薪水度日。里根上小学时，父亲遭到解雇，全家几乎到了山穷水尽的地步。于是里根和哥哥一起，帮着母亲在大学的足球场上卖爆米花。

上中学时，里根因为学费问题，开始利用周末的时间去附近的建筑工地打临工，此外他还在学校里洗碗、扫地等。当别的同学在玩耍时，他却在艰难地做着各种杂活。为此，里根没少受别人的嘲笑，但他都不以为意。他知道自己没有多余的精力和别人计较，只有沉住气，才能有更好的机会。

大学毕业后，里根在芝加哥找工作。因为没有经验，进不了大电台，于是进了一家小电台。没想到小电台的招聘人也不相信他，对此里根没有生气，而是耐心地告诉电台招聘人，他可以凭想象解说一场橄榄球赛。

电台招聘人给了他机会，于是里根有了在一群陌生人面前，滔滔不绝展示自己口才的机会。最后，他获得了电台的邀请。

这些经历让里根深深地懂得：人生，只要沉住气，就能把握自己应该做什么，就能抓住成功的机会。从那以后，里根做什么都以“沉住气”要求自己，不计较生活中的诸多不愉快，最终为他成为美国总统打下了坚实的基础。

由此可见，沉住气对我们来说是多重要的事。这一秒沉住气，下一秒就可能迎来希望。

苏轼在《留侯论》中说：“古之所谓豪杰之士者，必有过人之节。人情有所不能忍者，匹夫见辱，拔剑而起，挺身而斗，此不足为勇也。天下有大勇者，卒然临之而不惊，无故加之而不怒。此其所挟持者甚大，而其志甚远也。”意思就是说自古以来的豪杰之士，必然是能够沉得住气的人。普通人一受到羞辱，就拔剑而起，这算不上是勇敢。只有那些遇到事情时不惊慌，别人羞辱他也不会动怒的人，才能算是豪杰，为什么能够这样呢？是因为他们目标高远、胸怀大志啊！

所以我们不论遇到什么，都要沉住气，做到处变不惊，冷静应对。如果目标还没有达成，我们就要忍耐，继续努力，在挫折面前不折不挠，咬紧牙关挺过去。你永远要记住，只有沉住气，才能最终成大器。

| 相信的力量无穷大 |

在成功的路途上，我认为有一种心态非常重要，那就是要相信自己能够做到。相信的力量是无穷大的，有很多事情，看似困难，但如果你坚信你能做到，你就真的能做到，而你只有哪怕那么一点点的怀疑，成功就可能与你擦肩而过。

人的心理是由信心精心筑就的，信心与思考相结合，就成了智商与力量的来源。如果一个人不相信自己，成就便不会萌发出嫩芽。

成功学家拿破仑·希尔说："一个人能不能成功，关键在于他能不能相信自己，这种心态是决定成功者与失败者的最大差别。"稻盛和夫说："只有你相信了，你才能突破障碍。"

这么多成功人士都把"相信"看成是成功的关键，由此亦可见相信是一种多么有力量的品质。

我刚来成都找工作时是很自卑的，一来我文化水平不高，二来条件也不好。因此我不相信我能在这里闯出一片天地。还好，我做保姆那家的叔叔阿姨改变了我，他们不以我的条件、学历看轻看贱我，反而鼓励我，向我传播"我也能出人头地"的信念，在他们的指导下，我的自信心慢慢增强了。后来我虽然转入了餐饮业，但不管碰到什么棘手的事情，我都没有畏难情绪，因为我相信凭我自己，终究会解决掉这些问题。

这种心态对我助益良多，我也希望你们能够像我一样相信自己，有的时候，即便你遭遇了别人的否定和怀疑，你也不要动摇自己的思想和信念，要一如既往地相信自己。

有一个叫尼娜的小姑娘，她上二年级。有一天，尼娜回家后委屈地哭了，父亲问她原因，她说：“我的同学们都说我又丑又笨，还说我走路的姿势非常难看。”父亲听后，微笑着对她说：“别难过，你想想，你能摸得着房顶上的天花板吗？”

尼娜很惊奇，不明白父亲的意思，反问父亲：“你说什么？”

父亲又郑重地问她：“你能摸得着房顶上的天花板吗？”

尼娜不再哭泣，她抬起头来看了看房顶上的天花板，对父亲说：“天花板太高了，我就算跳起来，也摸不着。”

父亲笑了：“你看，你不信吧。那你也不要相信你的同学们说的话，因为他们说的都不是事实。”

尼娜明白了，她不能在意别人的说法，她只要按照自己的想法去做就行了。

尼娜长大后，成了一名演员。有一次，她要去参加一个公益活动，她的经纪人劝她，说这个公益活动对她没什么帮助，她应该参加一些大型的集会或活动，那样才能提升她的名气。但是尼娜坚持要去，她相信自己做的是对的。

那次公益活动因为有了尼娜的参加，举办得很成功。而尼娜也得到了来自于各个方面的赞助，她的名气和人气都得到了很大的提升。

这个世界上，除了你自己，没有人能够否定你。因此你首先要相信自己。现在有很多人抱怨世界不公，抱怨自己已经努力了却得不到成功。可当成功的机会降临到他们头上时，他们又不相信自己。例如，你有了一个好的创业想法，但是总不敢去尝试，那它就永远只会停留在你的脑海中，转化不成好的结果。

相信和成功的关系，就好像是蒸汽机和火车的关系，它是成功的主要推动力。你如果坚信自己能行，你就会拥有强大坚韧的意志，会有动力克服一切困难，无论怎样都会继续为成功而打拼。

米歇尔·雷诺兹说："依靠自己，相信自己，这是独立个性的一种重要成分，是它帮助那些参加奥林匹克运动会的勇士夺得了桂冠。所有的伟大人物，所有那些在世界历史上留下名声的伟人，都因为这个共同的特征而同属于一个家族。"

只有相信自己，我们才能感受到自己的能力，真正全力以赴地奋斗起来，这种信念是任何其他东西不能代替的。

| 随时铭记自己的责任 |

我们做任何事，负责任是一种生活态度，不负责任也是一种生活态度。但是，负责任和不负责任的差别是巨大的。负责任的人会随时铭记自己的责任，慢慢地就会成为一种习惯，遇到事情时，就会自然而然地去做它，而不是刻意地去做。当一个人能够自然而然地去做时，是不会觉得麻烦和累的。

相反，不负责任的人绝不会专心、认真地去做事，因为他们本来就有不负责任的想法，事情做得好赖他们都不在意，这样又谈何有所成就呢？

我们每个人都有自己的责任。当你意识到责任在召唤你的时候，你就会为了这份责任放弃别的东西，而且你也不会觉得这种放弃对你来说并不容易。

比如对工作要负责。如果你在一家公司工作，没做几天就感到没什么兴趣，或者是嫌弃待遇不好而跳槽，那你一定也会让公司觉得厌烦。对工作负责决定了你能不能顺利地完成一项工作，而铭记自己的责任又是能够完成工作的动力和源泉，是做好工作的基础。

在工作中，不管什么时候，都要想到将工作做好是你的责任，做不好就是你的失职。从你一开始获得某个岗位开始，你就要背负上这个职位的责任，既然站在这个位置上，就要把分内的事情做好。

一位曾多次受到公司嘉奖的员工，就这样说过：“我因为责任感而多次受到公司的表扬和奖励，其实我觉得自己真的没做什么，我很感谢公司对我的鼓励，其实担当责任或者愿意负责并不是一件困难的事，如果你把它当作一种生活态度的话。”

再比如，你对别人、对自己的承诺也是一种责任。一旦你对人做出了承诺，或者是自己计划好了要在什么时间达成什么目标，你就要尽力地去做好它。随时铭记自己的责任，你才会觉得自己本来就是该这么做的，这是你的一种生活态度。

我现在做餐饮，我们公司的文化打造得非常好。我们公司要求，每一个店都不能在产品里添加任何添加剂，要让老百姓吃放心的产品。我随时铭记着这一点，并且严格要求自己的门店。也许有一天，我们也会像海底捞一样，成为一家一说起人人都知道、人人都称赞的火锅连锁企业。

所以，我们一定要把责任铭记于心，这会成为我们的一种源动力。

有一艘货轮在卸掉货物返航时，在海上突然遭遇了暴风雨。这时，船长果断下令：“把所有的货舱打开，立刻往里面灌水。”

水手们都很担忧：“往货舱里灌水，这不是自找死路吗？”船长却镇定地说：“你们见过根深干粗的树被暴风雨刮倒的吗？被刮倒的都是没有根基的小树。”

水手们半信半疑，但他们还是按船长的吩咐做了。虽然暴风雨还在肆虐，但货舱里的水位升高以后，货轮也渐渐平稳了。

船长对水手们说：“一只空的木桶，是很容易被风打翻的，如果装满水负了重，风就很难将它吹倒。船负重的时候，才是安全的，而空船时，才最危险。”

其实我们人也是一样，那些胸怀大志的人，都会将沉重的责任感压在心底，并且砥砺着人生坚稳的脚步，慢慢前行。而那些没有责任心的人，就像没有盛水的空木桶，一场人生的风雨就会将他们彻底打翻。

因此，我们要随时铭记自己的责任。具备强烈的责任心，命运就不会亏待你。当你少一些抱怨、少一些牢骚、少一些理由，多一分认真、多一分责任、多一分主动的时候，你再看看机会会不会来敲你的门？

奋发图强，勇敢担当

我们做什么都要做到最好，做到称职。要称职就要有所担当。

做人，是应该有所担当的。所谓担当，就是要能够承担，担负起自己的责任。进一步来说，担当也是一种生活态度，而且也是一种勇气，一种人格及一种境界。

我们每个人，有不同的身份，也都需要担当一些东西。作为员工，要对工作负责；作为领导，要对下属负责；作为商人，要对客户负责。

如果说勤奋和努力特别珍贵的话，那担当也是一种极为珍贵的品质。现在有的人在年轻的时候有远大的梦想，但随着时间的流逝，眼见梦想没有如期实现，到后来甚至都忘了自己在做什么。是现实击败了他们的梦想吗？不是。而是因为他们变得不再勇敢，不再有所担当了。

一个人如果想要实现自己的梦想，下定决心改变自己的境遇，我认为从思想上开始改变是很重要的。我们要从责任的角度入手，对自己的事业保持一个清醒的认识，培养自己勇敢担当的优秀品质，因为勇于担当才能成大事。

英国有个名叫玛格丽特的女孩，很小的时候她父亲就教育她，做什么事都要力争一流。她也一直用这种信条严格要求自己，就算是坐公共汽车她也要坐在第一位。后来，玛格丽特成了英国历史上的第一位女首相，赢得了“铁娘子”的美誉，她就是撒切尔夫人。她凭借强烈的勇争第一的意识，担当起了她的人生和事业，也赢得了众人的赞叹。

所以，担当是我们每个人都应该养成的品质。要成为一个有担当的人，我认为首先我们要有一些优良的道德素质，在重责面前，要有担得起的魄力。如果我们能对自己负责，就有了独立的人格和行为能力，如果还能对别人负责，那就更有了价值。

其次，就是我们要有责任心。责任心对我们的成功至关重要，而有责任心就是能担当的前提。责任，可以倒逼一个人的作为，可以促进一个人的主动行为。如果我们能主动扛起生活和工作中的责任，我们的思想也会上升到担当的境界。

再有就是要努力提高我们的能力，给担当筑下深厚的根基。想担当是一回事，能不能担当又是另一回事。有的事情，我们能担当，是以我们的能力做基础的。因此，我们需要不断地提高我们的能力，让自己担当起更多更大的责任来。

在人生中，无论是谁，只要你奋发图强，勇敢担当，你的生命就会变得有意义。伟人因为担当成为伟人，英雄因为担当成为英雄。敢于担当，也会让你的人格变得更高尚，生活变得更精彩，人生也会过得更加充实和丰盈。

第四章

不断地学习，不断地进步

何滢/文

学习是一个人前进的动力。当一个人拥有了梦想，并且为了自己的梦想而不断奋斗的时候，其整个人都会是光芒四射的，而学习则是我们走向成功的必备武器。当一个人愿意努力学习，为自己的人生打拼的时候，他的人生就会是精彩而辉煌的。

| 学习是你一辈子的事 |

人的一生，就是一个不断学习的过程。在学习中，我们可以掌控自我、调整自我和完善自我。这是一个快速变化的世界，知识每天都在更新，只要停顿数日不去学习，我们就会落后。

有句老话讲“活到老，学到老”，也是告诉我们学习是一辈子的事情，它不因你年龄的增长就荒废，只要我们活着，我们就应该学习。

看看巴菲特吧，他一生致力于学习和研究股票投资，在任何时候都专注于这一点。

巴菲特从小就开始学习有关股票投资的书籍，他在读遍了父亲所有的藏书以后，又来到哥伦比亚大学的图书馆，在那里继续学习。通过自己的努力，巴菲特又获得了向当时著名的投资大师本杰明·格雷厄姆学习的机会。在格雷厄姆那里，巴菲特更加倾注了一种忘我的劲头，不断地向未知的领域探索。

后来，我想大家都知道了，巴菲特成了股票投资领域最负盛名的专家之一，并且因此获得了巨额财富。

巴菲特曾经说，终生读书和学习，是他坚持一生的习惯和信仰。

我们也应该这样，将学习当作是自己一辈子的事。

我虽然学历不高，但我也是一个爱学习的人，而且也深刻地体会到了学习给我带来的好处。

我出生于农村家庭，爸妈身体不好，病情反反复复，对我造成了很多压力，我小时候只能寄住在亲戚家，我就觉得自己是流浪孤儿。一直到初中，我的学费都是借来的，为了减轻家里的负担，我不得已外出打工。

只有初中学历的我，在决定创业后，在很多方面感到受限，便萌发了好好学习的念头。于是我决心每天去图书馆学习两个小时茶文化，在学习了一周之后，我对茶的了解便胜过了周边的很多人，在后来的1年里，我仍然坚持每天学习两小时。

企业成立之前有很多准备工作需要我去做，注册、登记、场地选择、产品购置等，每一项都需要我亲自操办，因为缺乏经验，我又从头开始学，到处向别人请教。

在这个过程之中，我又学到了不少东西，我把这些东西都记在了我的笔记本里，放在显眼的位置，随时都会拿出来翻翻，它们也随时提醒着我要不断地学习，努力地前进，要对得起自己。

我记得，在我第一次召开员工动员大会的时候，我对员工们的要求就是，要他们在每周末前交一份茶文化笔记，内容要深刻而丰富。刚开始的时候，大家的笔记都很短，而且文字也很不流畅，对于问题的分析也很表层。

当时还有很多员工在背地里抱怨，说能把自己的事情做好就行了，为什么还要做一些完全无关的事情。我当时也没说太多。

大概三个月以后，员工们体会到了学习的好处。他们的见识拓展了，技能丰富了。有的员工，不用我催促，也能主动地学习起来。我现在甚至可以很自豪地说，在同行业的员工中，我们公司的人都是顶尖的。而这是我最想看到的氛围。

李嘉诚说：“学习带来机会。”的确，学习，是让你受用无穷的事。一个人若要想改变自己，绝对要从学习开始，没有学习，整个人生就是停滞的，像一艘没有人划的木船，只能随风飘，没有前进的动力，永远也上不了岸。

终身学习，一辈子都要奋勇前进，上天对每个人都是平等的，他没有给你优越的家境，超乎寻常的智力，但是他给了每个人同样的追求知识、不断学习的能力。因此，你务必要不断地学习，不断地进步，不断地开创属于自己的人生。

| 勤奋和懒惰可是天与地的差距 |

龟兔赛跑的故事我想很多人都听过吧。按常理，乌龟是赢不了兔子的，但是结局却让我们大跌眼镜，这其中主要的因素就在于，乌龟够勤奋，勤奋的乌龟补了自己先天的不足，让它成了最终的赢家。

勤能补拙是良训，这话是非常深刻的。一个同样资质的人，假如一个勤奋，一个懒惰，那到后来，他们的差距就可能是天与地的距离。

很多人应该都能明白这一道理，他们也想有所成就，但却因为克服不了懒惰的习惯，缺乏对自己的严格要求，结果逐渐失去了发展的机会，注定贫穷一生。相反，那些从小就养成了勤奋习惯的人，他们最终也会走向成功。

有一个画家，他很早就对朋友说，他要画一幅圣母像。但他却一直不行动，他整天就是在脑子里构思，其他任何事情也不做。直到他去世，他口中的“名画”也没有诞生。这就是懒惰者，他们什么也得不到。

而另一个画家，同样对朋友说要画一幅圣母像，并且他马上就拿起了画笔，整整一年时间他都在精心地绘制这幅画。最终，他的画作一完成，就成了人们争相观看的佳作。这是勤奋者，他成功了。

因此我们都应该勤奋起来，尤其是学习，更是松懈不得。

在我的一生中，最难忘的就是妈妈去世的那一年。那个时候，我在课堂里坐着听老师讲课，然后老师把我叫出去，突然跟我讲了这样一个噩耗，我当时不敢相信，愣了很久。回家看到妈妈躺在那里，我在众人面前没掉一滴眼泪，转头我回到自己房间，泪如雨下，哭了一天一夜。

我当时忽然就觉得没人再爱我了，失去了自己的依靠。那个时候，我成绩本来就不是很好，在这件事过后，我落下的功课更多，根本追不上别人。

老师看到我的状态，试图开导我，可是我听不进任何话，除了哭还是哭，不跟人说话。

有一天，我在路上，遇到和妈妈生前关系很好的一个阿姨，她跟我说，成功、成绩，这些都不是最重要的，重要的是你喜欢现在的自己。

我知道，那个时候，我的心就已经发生了转变。我为了妈妈而开朗起来，也为了自己而笑。我决心改变自己，勤勉起来。

现在回想起来，我想如果我没走出来，我就不会赢，如果我没有为经历的事做任何的努力，我也不会成为现在的自己。勤奋和懒惰是有天壤之别的，那些冠冕堂皇地把勤奋和懒惰看作一体两面的人，只是站着说话不腰疼而已。

我始终认为，不要把你的懒惰加诸在某个情景或条件之上，要改变你的境遇，就得真正勤奋起来。你可以成为你自己，你有这个能力。

勤奋和懒惰几乎是天和地的差距，你在这一刻选择了懒惰，那么你就落入了人性的地狱之中。不妄自菲薄，也不妄自尊大，不断地学习，勤勉地改变自己，你才会成为一个优秀的人，成功其实离你并不遥远，就在你勤勉的一瞬间，你就离它更近一些，你就在走向它了。

我还记得在我被一个企业邀请去演讲的时候，场下有个人问我成功的秘诀是什么，我告诉他，是永远不要让自己停下来，要不断地学习，不断地进步。

| 先当学生，后当老师 |

人不可能一步登天，如果你不懂得怎么做学生，那么你就不会懂得怎么做老师。如果你从来都没有达到过你自己认为的好学生的标准，日后我们又如何能成为别人眼中的好老师呢？

创业期间，我为了让自己的公司更快地发展起来，也为了提高自己的能力，不断地大量地学习，在这期间我遇到了陈飞老师，他给我提供了很多帮助，包括前期公司怎么运作、怎么更快速打造团队等。

只有当你阅读了足够数量的书籍，可以站上足够高的顶峰时，你才会吸引到比你层次更高的人，千万别指望别人主动过来无条件地帮你。

你生在什么样的环境中不重要，重要的是要自强不息，如果有一个领跑者，有一个跟跑者，那是很好的。领跑者是老师，跟跑者是学生，跟跑出了成绩，你才有资格当老师。

我很庆幸，我虽然仅是初中毕业，但我从未停止过思考，从未停止过学习。在我奋勇拼搏向上的时候我遇到了陈飞老师，我们年龄差距并不大，但是他丰富的人生经历给我带来了开阔的视野。

在跟着他学习的这一段时间里，我真正体会到了什么叫“社会才是真正的大课堂”，他在人事上给我很多指点，在公司的发展规划以及工作的流程上也给了我很多启发。

那个时候，我才知道作为一个学生的价值，大概就是你心甘情愿地跟着老师学习，毫无怨言，只希望能从他那里学到更多，他说的每句话你都想记下来，他的人格深深地影响你，你毫无保留地相信他，觉得他是你人生之中的贵人。

在这之后，我也希望我可以让别人有这样的感觉，我希望找到真心愿意向我学习的人，然后把我所知道的毫无保留地教授给他。

我记得在有一次与别的企业进行的交流会上，我作为主讲人，讲出了“先做学生，后做老师”的观点的时候，有位听众问我：“以当老师为目标是不对的吗？”

我回答：“不是不对。而是我们要先放低身段，把自己放在一个学生的位置，这样我们才能学到更多的东西。如果你一开始就要当老师，觉得自己的知识和经验已经超越别人了，那你最后肯定会被别人甩开。”

我们一定要先以学生的姿态去学习，你现在如果还没成为你想成为的人，那一定是你能力不够，而能力不够，很可能是学习不够。

这种情况下，你就一定要去当学生。拜那些能让你提高能力的人为师，拜相关的书籍为师。只有在你认为自己已经成为自己想成为的人时，你才可以当老师，可以去辅导更多的人像你一样成功了。

选择学习，而不是囫囵吞枣

学习从来都不是如想象中那么简单的事，自以为看两本书就能通贯古今，自己随便学几个英文单词就会说英语，那是不可能的。

学习一门学问，重要的是有所侧重。如果学习没有侧重点，那可能你所花费的时间，将有很多是盲目的。学习是提升自身素养的一个重要途径，要多去选择自己需要的知识学习，而不是觉得别人在学习什么，在看什么书，你就要跟着去看，去学习。选择自己需要的东西去学习，才能够提升自己，更加明确和坚定自己的方向。

每个人的人生轨迹都不一样，需要学习的东西也不一样，如果你是一个不懂选择，囫囵吞枣学习的人，那么从现在开始，就要改掉这个坏习惯，选择适合自己的东西去学习。

人生短短几十年，有人在很小的时候就放弃学习；有人却终身都在学习，可能前者永远不会理解，保持选择性学习的习惯对于人生轨迹会有多重要。

英国作家柯南道尔笔下的大侦探福尔摩斯，恐怕没人会否认他是一个全身上下充满智慧的人吧。

福尔摩斯的形象在诞生以后就大受追捧，有些人甚至用福尔摩斯破案的过程来探寻一些自然奥秘。

福尔摩斯凭什么能解开那些错综复杂的谜案呢。柯南道尔在《血字的研究》中给我们列出了一份福尔摩斯的学识表。

令人惊奇的是，在这份学识表中，柯南道尔对福尔摩斯的定义是：无文学知识、无哲学知识、无天文学知识，有浅薄的政治学知识，有不全面的植物学知识，但熟悉苜蓿制剂和鸦片，有偏于实用的地质学知识，但也有限，不过他可以一眼就分出不同的土质。另外，他有精深的化学知识，有准确的解剖学知识，有充分的法律知识，能拉一手小提琴，精于搏击。

从这份学识表中，我们就能看出福尔摩斯的知识并不全面，但他的知识有自己特定的架构，可以看出来，这些都是他选择性学习的结果。对于于他没什么帮助的知识，他就不会去学习，就像天文学知识，拿福尔摩斯的话来说，就是："都说咱们是绕着太阳走的，可是，即使咱们每天是绕着月亮走，这对于我或者我的工作又有什么关系呢？"

对于学习，福尔摩斯也告诉了我们一个至理："人的脑子本来像一间空空的小阁楼，应该有选择地把一些家具装进去，只有傻瓜才会把他碰到的各种各样的破烂杂碎一股脑儿都放进来。这样做的后果就是，那些对他有用的知识反而被挤了出去，或者，最多不过是和许多其他的东西掺杂在一起。等你要用的时候，就感到困难了。"

可见，选择性学习，而不是去囫囵吞枣是我们学习中应该遵循的一个原则。

我记得我在创业初期，需要学习很多知识，关于茶叶的知识不足，关于企业管理的概念也没有，但我很快梳理出来了我最需要学习的东西，那就是茶文化、企业文化和企业经营。我只需要专注于这三个方面就可以了，而其他的，我不一定要学。

经过一段时间的学习之后，我感受到了这种选择性学习带来的好处。在企业正式运行的时候，出现的很多问题我都觉得在书中出现过，而书中也提供了很好的应对之策。

同时，我认为自己做得很好的地方是，在企业发生危机之前，我做到了准确的预测，并且在问题发生之前便很好地解决掉了。所以，永远都别认为学习无用，如果学习无用，那一定是你根本没学到骨子里。

而且，学习时，一定要确定自己想要学的方向和内容，然后去建立属于自己的知识体系。之后时常把自己做的笔记拿出来复习，有事没事拿出来看看，温故而知新，相信你会得到更多。

| 培养自己的领导才能 |

有句话讲“不想当将军的士兵不是好士兵”，我觉得也可以改成“不想当领导的员工不是好员工”。我这么说，并不只是针对职场员工，其实我们每一个人，无论是什么身份，我想多多少少都是需要一些领导才能的。

领导才能是强者的气质，是成功的基因。领导就相当于是战场上的将领，是运筹帷幄的统帅，他们不仅能领导团队，也能领导自己。

我相信每个人都有一颗好胜的心，尤其是在自己年轻的时候。但是有很多人随着时间和年龄的增长，经历的挫折和磨难变多了，这种好胜心，却慢慢地变成了安心，再变成了随心，最后便没有了心，反而还会回过头来嘲笑年轻人不懂世故，还痴心妄想。

没有人天生是领袖，没有人天生具有出色的领导才能。任何一个优秀的领导者都是通过后天的培养和努力学习得来的。领导的才能和领袖气质是不能分开的，这种素质和能力能够促使你做出本来不会做或者无法做到的事情。不过，要做到这一点，首先你得是一个受别人欢迎的人。

让自己成为一个受欢迎的人，并不是叫你去取悦别人，而是展现你的能力，让别人能够从心底认同你，能够在长久的交往中，不因为别人的认同迷失自己，在扩大交际圈的时候不会使自己陷入尴尬的境地。由内而外的气质，能够让人觉得舒服，能够设身处地站在别人的角度思考，能够以身作则，成为别人眼中的“榜样”。

现在的社会，很多人都活在自己的世界里，有的人在这个世界里慢慢变得堕落，有的人在这个世界里成就了自己。其实，生活中，不管我们处在什么样的环境都应该学会享受孤独，在孤独中寻找自己的前进方向，做自己应该去努力奋斗的事情，一个好的领导人，所必备的才能就是能够在人群中卓立，在孤独中崛起。生活不会辜负谁，多少付出、多少收获都是自己决定的。

如果你不甘心被人驱使，不甘心平凡，那就从今天开始做最好的自己，提升内涵素质，培养你的领导才能，终有一日，你会感谢你今天的努力，因为所有的幸运都不是巧合。

我认识一个人，他以前工作学习都不顺心，从事的也只是保安的工作。差不多有五年的时间，他都是一成不变地上班下班，与有限的朋友交往。他认为，他的生活只能如此了。

有一天，他的隔壁搬来了一位老人。老人看到他的状态，对他说：“我看得出来，你其实也是一个领导者，一个像拿破仑那样的领导者。”

他听了，虽然不相信，但心里却萌发了一种从来没有过的伟大感觉。从那以后，他就对拿破仑产生了兴趣，回家后到处找与拿破仑相关的书来读，他开始了解拿破仑的领导才能。后来他慢慢发现，自己身上竟然也有这些特质。他又研究拿破仑在领兵打仗时表现出的指挥才能、统帅才能，同样他发现自己好像也有这样的潜能。

他又开始研究其他的将领，又研读了一些商场领导者的书籍。他越来越觉得，自己也有这些优势。慢慢地在工作中，他的言谈举止也都变得像一位领导者了。

后来，他主动要求改变自己的职位，接下了一些原来他不敢想象的任务，没想到竟完成得相当出色。公司的领导也觉得他变得聪明能干了，也就放心地交给他一些任务，就这样，他的职务不断晋升。最后，他已经完全摆脱了以前那种认为自己毫无优势的形象，彻底转变成了一个大胆、自信的管理者，成为行业的佼佼者。

他的经历并不是奇迹，在他没有培养自己的领导才能前，他只能流于平庸而且清贫的生活，一成不变，浑浑噩噩多年而无所获。但是，当他有意识地培养自己的领导才能之后，他无形中也就具有了这些优势，在这些优势的塑造过程中，他的处事方法也发生了巨大的转变。他在不断进步中获得了优势，并发挥出了优势，所以在事业上也青云直上，终有成就了。

我们要想培养自己的领导才能也应该这样。一来可以从讲领袖或是讲领导力的书籍中去找寻自己应该习得的领导力，并且找到相应的方法，二来可以在生活和工作中的卓越领导者身上去学习，看他们平时是怎么处事、怎么运筹帷幄的，这样潜移默化地锻炼自己，我相信，你也会是一个具有领导才能的人。

| 更新知识，与时俱进 |

我一直认为，知识水平决定了一个人能走多远。你拥有的知识越多，你获得的格局就越大。知识是一生的宝藏，你要树立终身学习的观念，要与时俱进，把握时事。

有很多人都会在百忙之中抽出一点时间来学习，或者是上成人大学、夜校、自考等来提升自己的学历，或者说是提升自己的专业水平。其目的不管是为了什么，但这类人都是在为自己不被这个社会太早淘汰而做准备。

也许我们的学历不高，也没有别人那样优越的条件，或许那些所谓的好的机遇也没有幸运地降到我们的头上。但是生活都会赋予我们其他的东西，在日落时看一会书，在睡觉前听一个故事，及时更新自己的知识，拉近自己与世界的距离，那么即使你的日子过得非常拮据，精神的世界也是富裕的，也可以做一个优雅又自信的人。

时间对每个人都是公平的，竞争环境对于每个人也是大致相同的，关键是素质，这个往往取决于8小时以外的时间的利用。现在知识更新的速度越来越快，如果不好好利用业余的时间去学习新的知识，很快就会跟不上时代的步伐。相反谁利用好了业余时间，谁不断更新自己的知识，增长才能，提升自身素质，谁就是那个“成功”的人。

一年除去上班的时间，还剩下三分之一的时间可以供我们自己灵活运用，如果一个人长时间坚持利用这三分之一的时间去提升自己学习新知识，那么这一生，即使没有荣华富贵，也会是一位有内涵的智者。知识不会嫌弃你的贫穷，只在于你的激励和不断进取的心，在时代飞速发展的今天，我们只有不断学习，才能走在时代的前沿，成为一个复合型人才。

一个拥有丰厚知识的人，才能够在危局里面懂得何为变，何为不变。比如雷军，小米在他的带领下，在这个科技飞速发展的时代，短短几年就迅猛发展起来，这与雷军的更新知识，与时俱进是分不开的。

当智能手机开始普及，外部条件已经具备的时候，雷军就首先用互联网思维来武装自己，并且第一个干起了自有品牌网上销售；第一个发动“人民战争”，做了MIUI系统。如果雷军不能更新知识，与时俱进，我想他是做不出来这些的。

最后，讲一个我自己的例子吧，知识水平的不断提高给我带来的不仅是气质的改变和应对方法的把握，更重要的是养成了我现在对时局的敏感度。

记得当时选择进入茶行业之后，做了几个月，准备开拓生意的时候，我发现茶行业其实面临着马上饱和的窘境：茶行业的几个巨头占领了五分之四的份额。那个时候我深感入错行。但是我不断地学习，时刻跟进几个巨头的动态，终于找到了打开我的企业之路的方式。

那个时候，我看到几个巨头主要是专注于茶叶的宣传工作，对基地的投入比较少，他们都在想着如何把自己的茶叶推出去，而忽略了对茶叶生产地的关注。

我把握住这个契机，制定了一个小计划，就是先在当地把茶叶做得出名一些，然后再向外推，这样的话节省了我一大笔宣传资金，反过来可以用于建设自己的茶叶生产源。

然后我给了农民很丰富的报酬，在当地树立了良好的口碑。我企业的门店风格主要也是“雅俗结合”的小林风。

最后，我不仅在一年时间里做到了小有成就，吸引了很多当地人过来品茶，甚至周围还有一些区县以至于外省的游客故意绕道来我这里喝茶，我满心欢喜，下一步的目标就是推向全国，再就是走向国际了。

我很开心我可以做到这样。当然，这都是同我更新知识、与时俱进分不开的。我也希望你们能够如此。

| 功夫从来不负有心人 |

人生起起落落、颠沛流离。我从初中时候走出家门，开始自己打工赚钱养活自己，那个时候我就明白只有奋斗才能改变人生。我相信，我为学习受过的伤，流过的泪，最后老天会把它化成成功再赐给我。

有一句话叫作“求人不如求己”，如果想要成为一个有用的人，自己没有为此付出过努力，那就算是天上的神仙也没有办法帮你。生活中经历的各种磨难和挫折都是人生的一笔宝贵的财富，即使有的时候看起来那些收获可能会微不足道，但是时间会检验一个人的学习成果，会给你想要的成功。

一个人成熟的标志，就是学会了不把痛苦写在脸上，不把希望寄托在别人身上。

凡事靠自己，钱要自己挣，路要自己走，眼泪要自己擦，哪怕遭遇低谷，也要学会自我吞咽和疗愈。让人失望的事情比比皆是，我记得我当时到处借钱，筹备公司的时候，吃了很多的闭门羹。

我还记得当时我遭遇的冷眼，他们每个眼神都在告诉我：“你不行”“放弃吧”，但是我没有，我心里有股信念，我相信只要我可以在这世间活下去，我就要去拥有我自己真正想要的东西。

我值得拥有更好的生活，我值得拥有更好的未来，我值得成为更好的自己，我值得让我的朋友们以我为荣，我值得让我的员工享受更好的待遇。

我一直这么相信，所以我坚定不移，不管发生什么事情，我都不会放弃，只要我还能再挣扎一下。谁知道机遇会出现在我撑下去的哪一刻呢？

经过无数的试炼，其实我认为我大大小小经历的失败是多于成功的，但是正像爱迪生说的，没有1000次的失败就没有那一次的成功。

所以，失败是我的一部分。是我从0走向1的关键。有人说失败之后就站不起来了，是竹篮打水一场空，这是最典型的谬误。

有这样一个故事，山里住着一个老人和一个小孩。老人每天都会早起读一本经典图书，小孩有一天忍不住好奇地问："爷爷，你为什么每天都要读这本书，我为什么不能全部读懂，而且读懂的部分，当我关上书的那一刻，也跟着忘记了。读这个到底有什么用？"

爷爷没有立马回答小孩的问题，而是叫小孩拿着装煤炭的竹篮去河边打一篮水回家。

小孩照着爷爷说的话去做，可打进竹篮的水，刚走几步就漏光了。爷爷看着小孩说："你应该跑快一点。"小孩又照着爷爷的话做了，回到河边去打第二篮水。这次小孩比第一次跑快了很多，但在他回到家之前，篮子里的水还是漏得精光，小孩很气馁，生气地对爷爷说："爷爷你骗我，这竹篮根本打不了水，从古至今打水都是用桶的，你却叫我用竹篮，这不是故意笑话我吗？"

老人笑了笑说："我要的是一篮水，而不是一桶水，你没有打到，说明你没有尽力啊！"这次老人来到了河边监督小孩，小孩再一次尝试。虽然男孩知道竹篮装水是不可能的，但他想让爷爷看到他真的尽全力了。

虽然这次篮子里的水还是和前面的情况一样，但爷爷脸上露出满意的笑容，爷爷说："篮子里即使没有装下水，但你看你手中的篮子，和你之前手中的篮子有什么不一样？”小孩看着手里的篮子说：“篮子上的碳灰没有了，比之前干净了许多。”爷爷继续说：“你也许读不懂或者记不住这本书里面讲了什么，但是你在读它的时候，从内心到外表都在潜移默化地发生变化，世上没有无用功，竹篮打水也不一定是一场空啊。”

每个人都能够懂得“水滴石穿，绳锯木断”这个道理，然而我们更应该懂得微不足道的水能把石头滴穿，柔软的绳子能把硬梆梆的木头锯断背后的坚持。不要怀疑自己的努力，也不要质疑自己的坚持，终有一天竹篮打水不会空。

我前一段时间，凭借我自己的努力，买下了一套房子，之前忙事业的时候都直接住在办公室，这么多年了，我买了自己的房子，说实话，拿到房产证的一刻我眼含热泪，我给了自己一个家。

相信我，所有的一切都是值得的，所有的一切都在为你的某一刻成功做准备，你会成为更好的自己，你终究会拥有自己想要的一切。功夫不负有心人。

回顾自己经历的这一切，我大概总结了几点，希望你能从中获得一些启发。即，不忘初心、真诚待人、甘于奉献、感恩一切。永远记住，学习是你一辈子的事情，相信自己，你会成功的。

第五章

永远做一个充满正能量的自己

冯小琼/文

成功是需要正能量的，它是予人向上和希望、促使人不断追求、让生活变得圆满和幸福的动力。如果说能量也有味道，那正能量予人的，一定是干净馨香，让人舒服的。

| 正能量，是比智慧更有用的东西 |

人生是需要正能量的。所谓正能量，就是一切予人向上和希望、促使人不断追求、让生活变得圆满和幸福的动力。正能量能够激发人的行为，再由积极的行为形成积极的结果，最后成就自己。

我国古语讲“积善之家必有余庆，积恶之家必有余殃”，意思是说修善积德的个人和家庭，必然会有更多的吉庆，作恶坏德的个人和家庭，必然会遭到更多的祸殃。这里面也说明了人生于世，最重要的还是要有良好的品德，也就是正能量。

我家里姊妹很多，我是家里的老大，这样艰苦的生活从小就造就了我吃苦耐劳、团结友善、互助互爱的优良品格。这些都是正能量，也正是因为有这样的正能量，我才会一直走在梦想的路上。

我记得曾经看过一个电视访谈节目。在节目中，被访者是一名青年企业家。在节目的最后，主持人向这位企业家提了一个问题：“你事业成功的关键是什么？”

听到这个问题，企业家沉默了很久，然后没有直接回答主持人的问题，而是徐徐地讲起了他曾经历的一件往事。

那是15年前，他刚刚毕业，就去了美国开始了半工半读的生活。在美国生活久了，他发现美国的公共交通有一个特点，那就是车站都是开放式的，没有人检票，也不会有人查票。如此一来，他要逃票便变得非常容易了。

他为自己的这个发现沾沾自喜。从那以后，他便经常逃票搭乘公共交通。甚至他还找了一个给自己开脱的理由：“我这样做，只不过是因为我太穷了，我只是为了省钱。”

4年学业期满，他开始找工作。他相信，凭他优异的成绩一定能得到大公司的青睐。

然而，现实却是，他先后去了几家公司。这些公司的负责人都是一开始对他热情，过了几天却又都婉言拒绝了他。

他很愤怒，不知道原因所在。最后，他冲进一家公司，想要找人力资源总监问出个所以。

总监看了看他，平静地对他说：“先生，我们不是不重视你。说实在的，在工作能力上，你完全就是我们要找的人。”

“那为什么又不录用我呢？”他追问道。

“因为我们查了你的信用记录，发现你曾有逃票的经历。”

“是的，但仅就因为这一点就拒绝我吗？”

“先生，这不是小事。它证明了两点：第一，你不尊重规则，第二，你不值得信任。而尊重规则和值得信任则是我们对人才最基本的要求。”

直到这时，他才如梦初醒，悔不当初。

最后，总监给了他一句让他铭记终生的话：“道德常常能弥补智慧的缺陷，而智慧却永远填补不了道德的空白。”

从这个故事中，我们就能很好地理解，为什么正能量是比智慧更有用的东西了。一个具有正能量的人，也必定是一个处处受到欢迎的人，而他们做事，也是无往不利的人。那些具有负能量的人，即便他们再聪明，他们也会不为社会所容，甚至他们自己也会造成“聪明反被聪明误”的后果。

因此，我们都要让自己变成一个具有正能量的人。

而具有正能量，你就首先要有一个积极的人生态度。看什么问题都要乐观，要积极，要相信自己能得到美好的东西。其次是你要勇敢地面对生活，每个人的生活中都会有不幸，这没什么大不了的，只要你足够勇敢，你就能战胜它。还有，你要能正确地认识自己、评价自己，能给自己定一个符合自己实际的目标，并为之努力奋斗，我相信在这个奋斗的路上，你的每一次收获都会让你欣喜不已，让你的情绪好转。最后，你的心态要稳定，不要一遇到事情就气馁悲伤，你要有一种顽强的意志来战胜不良情绪的干扰，保持良好的心态。如果真的遇到了不好的事情，你就要学会自我调节，用理智战胜不顺，通过不断地激励，让自己去工作和学习。

总之，你需要培养的，必须是一种正能量的精神，而绝不是让负能量环绕自己。

| 要有吃苦耐劳的韧劲和战胜困难的强大信心 |

在所有的正能量中，我首先提倡的是要有吃苦耐劳的韧劲和战胜困难的强大信心，这两点是我们成功的根本。

吃苦耐劳对应的负能量是懒惰。懒惰者是做不成大事的，因为那些懒惰的人总是想着贪图安逸，稍有困难就好像吓破了胆一样，他们缺乏吃苦耐劳的精神，总希望天上掉馅饼。我不否认人都有惰性。

懒惰是一种恶习，它让我们躺在原地不愿意前进。要想成功，就一定要摒弃懒惰的习惯，让自己变得吃苦耐劳起来。

俗语有云“不经历风雨，怎么见彩虹”“自古英雄多磨难，从来纨绔少伟男”，历来人们都将吃苦和懒惰拿来比较，无数的例子也证明只有“吃得苦中苦，方为人上人”。

例如，治学的，有孙敬悬梁、苏秦刺骨；报国恨的，有勾践卧薪尝胆；写巨作的，有司马迁忍受宫刑。吃苦耐劳是我们每个人朝成功前进的通行证。因此，我们不仅要吃得苦，还要甘于吃苦。

我们之前都认为温州人会做生意，但其实每个做生意的温州人都会说“只要肯吃苦，遍地都是金子”，他们的成功无不是建立在吃苦耐劳上的。我们要想成功，就要学习他们的这种精神。苦难是一种财富，也是一堂人生的必修课。

古圣贤人既会吃苦，也懂得吃苦。他们吃苦时，从不把“苦”当“苦”。例如，俗语说“嚼得了菜根，才能成大事”，菜根意味着日子很苦，但在他们那里，这些苦日子却是一种享受。

有时候我想，我生在农村也许还是幸运的。因为农村条件艰苦，你不能吃苦，就吃不饱饭、穿不暖衣，因此我从小就有一种吃苦耐劳的精神。这种精神后来一直伴随着我。我现在从事高科技的石墨烯项目，因为学历不高，我经历了太多的苦难，但好在我都挺了过来。如果我吃不了那些苦，可能我也只会像很多打工者一样，把青春浪费在粗茶淡饭、简衣陋巷上。

所以，我们要有吃苦耐劳的韧劲。在现在这个社会，我们已经不需要再像佛陀那样6年苦修，达摩那样9年面壁式的“苦行僧”生活了。但我们一定要去除惰性，培养我们吃苦耐劳的品格，而且要随时做好吃苦的准备。

其次，就是我们要有战胜困难的强大信心。有很多人之所以不能成功，其实他们不是败给了外界，而是败给了自己。俗话说“哀莫大于心死”，同样地，也没有比消极心态更糟的了。有的人一遇到困难就畏缩不前，这样我们还如何指望他们能战胜困难呢？

“只要精神不滑坡，办法总比困难多”，只要你拥有战胜困难的信心，不畏缩，不逃避，你就会拥有力量，就会想尽一切办法去克服它。

我曾经为了争取去省城大医院实习的机会，在学校不分白天黑夜地学习、学习、再学习。那时候，我的基础比别人差很多，但我只用三个月的时间就完成了别人一年要修习的课程。最终，我得到了这个机会。

困难并不可怕，只要你肯打倒它，它就会灰飞烟灭。其实战胜困难要比打败自己更容易，有人说“我”是自己最大的敌人，战胜困难就是要给自己灌注信心，人一旦有了信心就会产生无穷的力量。

人与人之间，强者与弱者之间，最大的差异就在于意志力。坚强的意志是我们成功最好的助推剂。因此，我们一定要成为那个既能吃苦耐劳，又有战胜困难的强大信心的人。

| 以真修心，以勤修为 |

“以真修心，以勤修为”，通俗点来说就是我们要真诚实在地做人，勤劳踏实地做事。

“真”是第一精神，是要求我们在为人处事时一定要付出真心，不能虚与委蛇。曾听人说，这个世界上最美好的东西就是真诚了。是的，人们的感情是相同的，你如果希望别人真诚地对待你，那你首先就要对别人真诚。

一个人的个性会表现在他的行为举止上，如果他是不真诚的，那他的言行举止就必然有所偏颇，而别人也可以从他的言行举止中看出他的品性来。所以，你能不能受人喜欢，就全看你内心有没有真诚的“种子”了。

人际交往是一个相互的关系。你真诚待人，别人也会真诚待你，你虚与委蛇，别人也会虚与委蛇。不要怪别人对你如何如何，关键点只在于你自己。如果你心不纯，你就首先要从自己做出改变。

可能有的人会说“我也有真诚待人，别人不理解的时候”啊。这里我要说的是，我们不要把真诚待人看成是一种投资，也许你这一次的真诚并没有让人理解，但从长远来看，你的真诚必定会感化别人，让别人也对你真诚相待。

这就好比做销售。你第一次去推销时，不管内心态度怎样，遭遇拒绝的可能性是很大的。但如果你拿出真诚的态度，多和顾客接触几次，顾客就很可能转变态度。

真诚是相互的，即便你不能马上感受到，但一定会在某个时间段让你也感受到别人的那份暖意。

当然，“以真修心”不是要我们拿着“我真诚换别人的真诚”的心理来处事。真诚是要你不求回报，没有目的，发自内心地真诚，若非如此，就算不上是真正的真诚，真诚不是等价的交换，而是一种让人触及心灵的感动。

“真”是第一精神，而“勤”就是第一方法。天道酬勤，一份耕耘一份收获，是古往今来从来不会改变的准则。

勤应该成为我们的一种习惯，因为积极行动才是最高尚的，才能给人带来真正的幸福和乐趣。成功是不会降临在那些玩世不恭的人身上的。

记得古罗马人曾有两座圣殿，一座是美德的圣殿，一座是荣誉的圣殿。人必须先通过美德的圣殿，才能到达荣誉的圣殿，而在美德的圣殿中，勤劳的座位又是最靠前的。因此，勤劳就成了通往荣誉殿堂的必经之路。

勤劳是古罗马人伟大的秘诀所在。当时，出征在外的将军回到罗马时，都要回乡务农。农业生产在那时是最受尊敬的工作，罗马人能被称为优秀的农业家，其原因就在于此。罗马人推崇勤劳，也因此让他们成了一个雄踞欧亚非的大帝国。

在我们身边，有很多人看起来要成功了，但最后却没有成功，有很大原因就是他们没有付出勤劳。他们希望走向辉煌，但却不希望跨过那些艰难的阶梯。因此，他们退缩了。

勤能补拙是良训。勤劳就好像耕种，一开始肯定很费力，但是到土地耕熟了，好的收成自然会到来。所以，我们需要“以勤修为”，无论什么方法，不管多么精巧，我们都需要以勤为起点。做任何事，都必须要勤勉努力，要脚踏实地，要一丝不苟，要自强不息。

| 接受不完美，决不和自己过不去 |

人无完人。在这个世界上，我们每一个人都是有缺陷的，这是常事。就是那些看起来风光亮丽的人，他们也总有对自己不满意的地方，但他们并没有和自己过不去，而是最大程度地接受了自己的不完美。

在对待不完美这个问题上，我却发现有很多人和上面这类人不同，他们总觉得自己哪儿哪儿都不完美，于是自怨自艾、自暴自弃。

可是，你有没有想过。不完美其实也是一种美。就像维纳斯的美被那么多人赞美，可她却偏偏是一尊断臂的雕像。就是那些最光鲜的宝石，也依然会有人挑剔，有的人说它太小，有的人说它色泽不好。可见每个人对“完美”的概念是不一样的，无论你怎么做，你都做不到别人眼中的“完美”，你需要的只是努力做好自己就可以了。

因此，不要去力求让自己看起来“完美”。

有一个故事讲的是法国著名的雕塑家罗丹，他在完成巴尔扎克的雕像以后，将其展示给学生看。他的学生看了纷纷赞叹：“多么完美的一双手啊！”

罗丹听了，想了很久，突然做出了一个惊人的决定。他拿起斧子，将雕像中学生称赞的那双手砍了下来。就在学生们惊愕得张大了嘴巴的同时，罗丹解释说：“有了这双完美但又显得‘过于突出’的手，有损于人物全貌，从而失去了‘本质的人’。”

可见，残缺而真实的神韵，往往胜过完整无缺的华美外表。我们如果只是为了求全，而想方设法地去补缺，反而有可能弄巧成拙，把美感破坏了。

谁都有缺陷，谁都有不足。比如，有人出身不好，有人相貌一般，有人不够可爱，但那也是我们生命的一部分，不要在意，而是要正视它的存在。正因为我们有这样那样的缺陷，我们才会去认识，去找寻更好的生活方式，这样我们的生活才会多姿多彩。

菲律宾前外长罗慕洛，身高只有163cm，是个十足的矮个子。早先的时候，他也像很多人一样，常常为自己的身高而自惭形秽。甚至，他还穿过高跟鞋来掩饰，但这让他感觉很不舒服。最后他还是扔掉了高跟鞋，做回了原来的自己。然而，也正是因为他接受了自己的这份不完美，让他走向了成功。后来连他自己也说：“我愿意下辈子还做一个矮子。”

1945年，联合国创立会议在美国的旧金山举行。当时的菲律宾代表团被很多人认为是一个无足轻重的角色，然而，罗慕洛的演讲却震惊全场。当他站起来时，他的身高只和讲台一样高，但他却庄严地说：“我们就把这个会场当作最后的战场吧……维护尊严、言辞和思想比枪炮更有力量……唯一牢不可破的防线是互助互谅的防线。”等他讲完，台下爆发出的是经久不息的掌声。

事后，罗慕洛说：“如果那次演讲是一个高个子的话，听众可能只是稍微鼓下掌就完了。但那时我们才独立一年，我的矮子形象正好符合这个角色，所以由我来演讲，就收到了意想不到的效果。”

所以，不要把自己的缺陷当成是天大的毛病，你要认识到我们都生活在一个有缺陷的世界中，接受这种不完美，然后不断地追求进步，用你能想到的方式克服缺陷，超越缺陷，那才是对自己生命的真正认识。

我有段时间练习瑜伽，一开始就发现了自己的很多不足，例如，我力量不够、平稳性不够、柔韧性不够等，到后来，我甚至怀疑自己不适合练瑜伽，好像别的所有人都做得比我好似的。有时我甚至还抱怨自己的身体，为什么没有高挑的身材？为什么没有美丽的容颜？

我的教练看出了我的困惑，他告诉我说："接受自己的身体，不要和自己过不去。做不到没什么，只要向着正确的方向，做到身体的极限就好了，也不要拿自己和别人比，毕竟每个人的身体都是不一样的。"

听了教练的话，我好像豁然开朗了。我的身体是天生的，我只有接受它，如果我和身体过不去，那才是更加影响了我的发展。

到现在，我还在练习瑜伽。虽然有些动作受身体限制还是做不太好，但我知道我一直在进步，我在一天天变好，这就让我很开心了。

接受自己的不完美，是正确看待自己的一种方式，是一种积极的正能量。如果你还在因为自己某方面的缺陷而自卑，那不妨告诉自己："相信我明天就会有所作为。"因为，残缺并不是一种遗憾，而是一种耐人寻味的美。只要你能突破残缺的心理障碍，你的生命一定会迸发出更强烈的声响。

瑕不掩瑜，只要你努力，就是一种美。

| 自信，是发自内心地喜欢自己 |

自信是我们应该具有的正能量。这就好比一场战斗，结局是成功还是失败，除了实力的因素以外，将帅和士兵是否对自己有信心也至关重要。

西方有一句谚语，叫作“对手的强大是你想象出来的。”中国也有一句俗语叫作：“最强大的敌人其实是你自己。”如果你是自信的，你就能由弱到强。

日本的兵法经营学者大桥武夫早年时曾经营一家生产手表外壳的小工厂，在激烈的市场竞争中，大桥武夫就一直坚信，自己决不会被大工厂打败，自己一定能成功。而正是这种信念，最终也使得大桥武夫度过了几次大的波折，建立了自己的帝国。

大桥武夫相信这么一句名言：战胜，始于将帅自信必胜；战败，始于将帅自认失败。

是的，战争的胜负在很大程度上就系在将帅的信念上，事业的成功也是一样。那么，自信从哪里来？我认为，首要的就是要发自内心地喜欢自己。

我还记得我小的时候，刚从小学升入初中的情况。虽然我小学时成绩攀爬到了榜首位置，但是初中生活对我提出了更高的要求，我想让自己成为一个可以受别人喜欢的人。

刚开始的时候，大家都很腼腆，基本无话可说，而且那个时候和现在不一样，大家没有那么多共同话题。场面一度尴尬。后来在老师讲了几节课之后，同学们终于有点熟悉了。

我小学时候玩过的游戏不多，很多游戏也玩不好，下课之后他们去做游戏时候，我大部分时间都默默离场。

我把自己慢慢变成了一个透明人，我不知道自己在学校里除了学习还能做一些其他的什么事情，而且，更可怕的事情是，同学的三五成堆，一起玩耍，导致了之后我被排斥，成为班里面为数不多的几个被欺负的对象。

我自认为自己成绩不差，就可以在班里面站稳脚跟，然而事情和我想象的不一样，在他们的欺负之下，我变得更加自卑。每次看到他们都悻悻地走掉。

之后，不经意间，我开始反思自己，是不是因为我太敏感了，所以才会这样，所谓的自卑，从来都不是别人看不起、折磨自己，而是自己看不起自己、折磨自己。

我想着，反正已经有这样的结果了，那么不如大着胆子问一下别人对我的看法。

有一天下课之后，我藏在了教室的后面，等他们游戏玩完之后，我找到了我们班的一个同学，我问她："我其实很想知道大家对我的看法是什么，也请你诚实地告诉我，我想有改正的空间，也不想成为我们班的麻烦。"

她愣了一下，回答我："我看出来班里的某些人看起来好像喜欢欺负你，但是他们并不是真的那样，刚开始的时候他们只是想拉你一起来玩，后来发现越是拉你，你就越是逃避，于是只能放弃。”

然后换我一惊，原来我一直都生活在自己对别人的想象之中吗？

自信，是发自内心的喜欢自己。我当时悟到了这个道理，我明白，那个时候的自私狭隘，把我自己限制在了一个很小的范围里。我没有办法看到别人，更没办法真正认识自己。我没办法喜欢当时低头从他们身边走过的自己，也没办法让他们明白我真正的心意。

后来我和那个女同学成了很好的朋友，可能你会说这是大部分电视剧的偶像结局，但是这种梦幻般的好事就发生在了我身上。她现在仍然是我的好朋友，她在我担任公司总经理之前帮了我很多忙，度过了很多难关。

比如说在创业之初，我脱离原来的肿瘤医院，开始自己联系石墨烯项目，我英文很差，没办法与外国人交流，她在工作之余过来帮助我做翻译，拿下了好几个项目。

后来很多病人不敢用我们公司的药，她也帮助我说服他们，并且作了用药的成果册给他们。

她的细心和勇气，教会我很多，也影响我很多，如果说人生之中有贵人的话，那么毫无疑问，她便是其中之一。

这段经历一直埋藏在我心中很久，我不曾与他人提起。

我觉得，生活就是活成你自己想要的样子，如果你在每时每刻都能喜欢自己，那么，也不枉自己白来这人世一遭。

其实除了我上面所描写的自卑以外，不自信的表现还有自大，相信很多人都看过阿德勒的《自卑与超越》这本书，自大是自卑的另外一面。他需要别人不断的肯定，来确认自己活在这世界的价值。

我明白，人人都需要肯定，但是换个角度想想，难道最大的肯定不是来源于你们自己吗？自己喜欢自己，自己把生活过成自己想要的样子，你会成为更加优秀的人。

自信是可以培养的，如果你觉得自己有自大或自卑的倾向，不能喜欢自己，那我告诉你几个法子，让你可以变得更自信一些。

首先是看到自己的长处。俗话说“尺有所短，寸有所长”“金无足赤，人无完人”，每个人都有自己的长处和优势，正确认识自己，多看一看自己的长处，这样你就会慢慢喜欢自己，增加自信心。

其次是要正确地暗示自己。自卑说到底就是一种消极的自我暗示，要改变这种消极的自我暗示，就要经常对自己说“我能行”“我能做好”“我也能干”“我会成功的”，这样会增加自己战胜困难与挫折的力量和信心，结果就真的能干好。

再有就是要积极地表现自己。如果你能看到自己的长处，就要积极地表现自己。要相信自己的能力与价值，如一次讲话、一次竞赛，你都要积极自信地去尝试、去表现，你就会惊奇地发现，你也行，这样自信心就随之增强。

试试这些简单的方法吧，你也可以树起自信的风帆。

| 利他才是真的利己 |

利他和自利是相对的。利他要求我们要从别人和利益相关者的角度出发，多给别人提供帮助，以自己的力量来恩泽社会，而自利则要求我们多做一些对自己有意义有价值的事。

可能有很多人认为自利才是利己。利他只是对别人有好处，而对自己却没有明显的益处。我想这些人可能还没有真正搞明白利他和自利的性质，因为真实的情况和他们想的完全相反，利他才是真的利己，而自利才是在损己。

为什么这么说呢？

我们先看一个故事。

有一个盲人，住在一个没有电梯的小区。他有个习惯，就是每天上下楼时都会把楼梯间的灯打开。有的人不解，就问他："你本身又看不见，你把这些灯打开有什么意义呢？"盲人回答说："我把这些灯打开，让别人能够看见上下楼的路，我就不会被人撞倒呀。"旁人这才恍然大悟。

你看，盲人开灯，看似是方便了别人，利他了。但最后呢，他自己却得到了很大的实惠，他就不会被人撞倒了。这样的利他，难道不是利己吗？

其实，所有的利他都是利己的。这一点在商业上表现得尤其明显。你看去年我国搞的轰轰烈烈的环保评审的工作，有的老板怀着自利的思想，总是想自己多赚点钱，企业不达标、生产不合格的产品，结果在环保评审中都关了门，损失不可谓不惨重。很多其他行业的老板也是，如果眼里只有自己的利益，总是想方设法地从顾客身上捞钱，那他们的生意也做不长久。要么因为生产劣质产品被查处，要么因为顾客发现了他的“勾当”而不再上门。

相反，那些拥有“利他”思维的老板，他们处处为顾客、为经销商着想，当顾客、经销商得到了实质的好处以后，他们就会反过来更加追捧你，让你越做越长久。

“自利则生，利他则久”，这是很多大企业家的思维，我们也应该有这样的思维才对。

我听过一个李嘉诚的故事。说的是李嘉诚和一位客人共进晚餐。晚餐上，李嘉诚突然问客人：“你知道我的生意为什么做得这么大吗？”

“不知道。”客人回答。

“因为每次做生意时，我都让对方赚得比我多。”李嘉诚说。

李嘉诚就是“利他”的。他在生意上总让对方赚得多，别人就总愿意和他做生意，结果他的生意越做越广，越做越大，积少成多，他不成为富翁谁成为富翁呢！

马云也是利他的。马云曾说：“做生意，不是把别人兜里的5元拿过来装进我兜里，而是把别人的5元变成50元，再从中拿5元。”

李嘉诚、马云就是用这样利他的思想建立了自己的帝国。这时，你还能说，利他不是真的利己吗?

利他才是真的利己是至理。我做生意也一样。我做石墨烯，为的不是自己要赚多少钱，而是想给别人带去健康和欢乐。

> 我身边有个好朋友一直想生二胎，但几年来一直都没有怀上。后来我推荐她用我们的石墨烯护宫产品（主要对宫寒治疗），没想到2个月后她就给我打电话报喜了，为此我真的感到很高兴。

我对所有的顾客都一样，希望我的产品能帮助她们。我相信，我帮助得越多，他们也会回馈我越多。事实也的确如此。

做生意和做人其实都一样，如果我们经常利他，经常帮助别人，别人必定也会感念我们，在我们有需要时帮助我们，因为只有给予了别人，才会幸福自己。利他就是真的利己。

学会感恩，学会拥抱帮助过你的人

我们这一生会遇到很多人，有的人曾经在我们有困难时给我们提供过帮助，对于这些人，我们一定要怀着深深的感恩之心。

西方一位学者说过："感恩是极有教养的产物。"是的，感恩也是一种正能量。拥有感恩之心，别人才会真正觉得对你的帮助有价值，之后，他们还会乐于帮助你，而你也能吸引更多的人来帮助你。

感恩，不是要我们给帮助过自己的人多么大的回报，有时，简单的一句"谢谢"就够了，这看起来稀松平常，但它却能引起人际关系的良性互动，成为人际交往的润滑剂。

我们都知道美国有一个"感恩节"。这个节日是怎么来的呢？

原来，在1621年的秋天，"五月花号"从英国出发，远涉重洋，历经艰险后终于踏上了美洲的土地。刚出发时，大家对能到达目的地其实并没有抱多少希望，然而，他们终究还是成功了。

美洲敞开怀抱迎接了"五月花号"上的人，当地的印第安人也极尽所能地帮助了他们，让他们能够在这片陌生的土地上落地生根。

为了感谢这一切，人们举行了盛大的庆祝活动，从此这一习俗便延续下来，形成了"感恩节"。

感恩节的源头就是这些人拥抱了帮助过自己的印第安人。现在，一到感恩节，美国人都会围坐在餐桌旁，面对丰富的大餐，进行餐前的祈祷和感恩。在这个过程中，每个人都会怀着感激之情细说他们遇到的人和事。在美国，感恩节甚至是比圣诞节还要重要的节日，因为他们知道，感恩是阳光人生的支点，它能让一个人的内心变得无比丰盛，让自己无往不利。

是的，如果你有一颗感恩的心，感谢那些帮助过你的人，感谢养育自己的父母，陪伴自己的伴侣，和自己相处的朋友，甚至感谢自然的美，感谢大地的温情。这样我们的内心就会无比充实，就会变得温暖、自信、坚定和善良，同时也能让自己更富有创造性，能创造出更大的价值。

美国的石油大王洛克菲勒曾经给自己的儿子写过一封信，他说：“现在，每当我想起我曾供职的公司，想起我当年的老板休伊特和塔特尔先生，内心就涌起感激之情，那段工作生涯是我一生奋斗的开端，为我打下了成功的基础。我永远对那三年半的经历感激不已。”

在这里，与其说洛克菲勒的成功来自于他自己的不懈努力，倒不如说是首先来自于他有感恩的心态。因为感恩，他能尽全力投入于工作中，因为感恩，他会虚心听从当年老板的教诲，学习他们的经验。在感恩之心的驱使下，洛克菲勒为自己的成就打下了坚实的基础，并为自己创造出了更大的价值。

我这一生，经历了很多难忘的事。但最让我感激的还是，在创业阶段我遇到了陈飞老师。他年轻有为，我在他这个年龄阶段的时候，根本没有他现在这样的成绩。我发自内心地佩服他，也感恩他，因为来到陈飞老师的课堂，认识了很多优秀的同学，我们都互相支持，互相帮助，都很纯粹，就像回到了学校的时候，陈飞老师是能付出大爱的人，他给我提建议，提供方法，是我事业上的贵人。这份感恩之心也一直在我心里，永远不忘。

所以，我们要学会感恩，学会拥抱那些帮助过我们的人。向别人表示感谢是很有意义的举动，因为你是在认定别人帮助的价值，从而达到一种彼此感情交流的有效手段。当别人为你做了某些事情后，你应该表示感谢；当别人给予你关心、安慰、祝贺、指导以及馈赠时，你应该表示感谢；别人为你做事而未成功，那份情意同样值得你感谢。

人与人的交往中，只要我们多一些感谢，就多一份爱心，多一份温馨。人与人之间的关系也会在相互的感激中更加亲密。

第六章

不要犹豫和纠结，有目标就要迎头而上

袁怀蓉/文

目标是你前进的动力。你需要给自己定一个合适的目标，远大，有难度，但又符合你的实际。定下了目标，你要做的就只有一件事：行动。不要犹豫和纠结，唯行动带来成功，唯迎头而上才能实现梦想。

人这一生，梦想是一定要有的

我们常说：一个人的梦想有多大，他的事业就会有多大。我认为，梦想就是我们事业的起点，也是终点。在我们行动之前，最紧要的就是知道我们要实现的是什么，为的是什么？

马云说过："梦想一定是要有的，万一实现了呢？"我也认为，人这一生，梦想是一定要有的。你要清楚地知道自己想做什么，想做成什么。

梦想就好像是我们行动的指南针。如果一个人没有梦想，他就不会知道自己要做什么，同时也没有热情去做任何事情，有了梦想，我们的热情才会有的放矢，有处可依。梦想可以说是一件让我们非常痴狂的事，是让我们产生奋斗动力的最原始的基因。它绵延了人生的长度，又紧缩了生命的长度，它让我们热血沸腾，也让我们不顾一切，勇闯山巅。

我的家境并不好，小的时候我就发誓要改变自己的命运。从学校毕业后，我就一直梦想做一个成功的生意人。为此我做过小商人，卖过煤炭，卖过建材，经营过汽车，也经营过酒店，现在做餐饮，逐渐有了起色，我已经感觉离自己的梦想近了许多。这么多年来，我能克服各种艰难困苦，梦想对我的指引是很重要的。因为一心想要实现梦想，我才能坚持到现在。不然，我只能成为一个平庸的打工妹。

梦想塑造了一个人的灵魂。我们所能达到什么样的人生高度，说白了都是由我们的梦想来决定的。当我们渴望实现梦想时才能冲破限制我们的种种束缚。没有梦想的人，就算别人拿鞭子抽他，他也一样茫然四顾，不知从哪里着手。

美国有个叫约翰·富勒的人。他共有7个兄妹，他5岁时就开始了工作。约翰·富勒懂事的时候，他的母亲就告诉他："我们不能这么穷下去了，这不是上帝的旨意。我们现在穷，主要是因为你爸爸没有梦想成为一个富人。"母亲的话在约翰·富勒的心里深深地扎下了根，他梦想着自己能成为富人，改变家里的生活状态。

有了这个梦想，他就坚持不懈地为之奋斗。10年后，约翰·富勒接手了一家拍卖公司，而且接着他又收购了7家公司。他真的成了富人，他的梦想实现了。

约翰·富勒为什么成功？他曾这样说："我家很穷，那是因为我父亲没有梦想要成为富人。但我不同，我发誓要成为富人，这种感觉不知有多么强烈。虽然我不是富人的后代，但我可以成为富人的祖先。"

所以，我们在人生旅途上，一定要给自己树一个梦想。人生的意义就在于先在心中有一个梦想，然后呵护它，用强烈的意愿给它保驾护航。这样，梦想的种子才会萌芽，然后不断成长，最后开花结果。

不要害怕现在穷困，不要害怕现在还生活在底层，怕只怕没有一个属于自己的梦想。没有梦想的人，就像是一艘盲目航行的船，不管朝哪个方向走，都不能到达目的地。

新东方的创始人俞敏洪曾经在一届北京大学的开学典礼上，说过这么一句话："人的一生是奋斗的一生，但是有的人一生过得很伟大，有的人一生过得很琐碎。如果我们有一个伟大的理想，有一颗善良的心，我们一定能把很多琐碎的日子堆砌起来，变成一个伟大的生命。但是如果你每天庸庸碌碌，没有理想，从此停止进步，那你未来一辈子的日子堆积起来，将永远是一堆琐碎。”

是的，人一定要有梦想，因为梦想决定了你努力的目标和方向，决定了你人生的高度和宽度。

世界上所有的梦想成真都是努力奋斗出来的

一个人，有了梦想还不够，还必须行动起来，努力去实现自己的梦想。任何梦想都是在努力的行动中才能变为现实的。不努力是不会成功的，这种努力也不是盲目的，不是轻率的，而是有计划和步骤的，是切实可行的。

著名管理学家杰克·韦尔奇曾给过年轻人这么一个忠告："如果你有一个梦想，或者决定去做一件事，那就立即行动起来，努力地去做。如果你只想不做，是没有收获的。"

在生活中，我们很容易就能看到这样两种人。一种是天天都沉浸在自己的幻想中，却总不去努力；另一种是把梦想幻化成行动的动力，并且努力去实现它。最后，哪一种人的成就更大，我相信都不用我多说吧。

我梦想要成为成功的商人。为此我付出了多少努力我是最清楚的。记得我2006年10月20日开了一家蜂窝煤厂。在此之前，我们花了很长时间筹备机器、煤炭、工厂。但筹备好以后，我们发现打出去的煤炭烧不燃，使得我们1个多月都没有生意。

后来，我们到处找人请教，不分昼夜地查看问题所在。听说附近有个开过煤厂的人有经验。我听到消息，立即买了礼物去找他。连着去了三天才算见着人。在他家，我向他请教了很多，每一句话我都记了下来。

回来后，我们按着他给的联系方式进好煤，按照他的指导改进机器，改进操作方法，每天都加班加点，一个星期没睡过好觉。在我们的辛勤工作下，打出去的煤慢慢地也火爆了起来。后来我总结经验，我觉得只要你多努力一分，你就会离梦想更近一分。

有人说，心想事成，这没有错。但在心想和事成之间，还有一个“努力”的桥梁。

我记得有个故事讲的是德国的一个钳工，名叫汉斯·季默。他从小就很喜欢音乐，他的梦想是成为一个音乐家。买不起昂贵的钢琴，他就用纸板做出一些模拟的黑白键盘。就是在这些黑白键盘上，汉斯·季默光是练贝多芬的《命运交响曲》就把十指练出了老茧。后来，他用作曲挣来的稿费终于买了一架破旧的钢琴。有了钢琴之后，他就好像如虎添翼，很快成为好莱坞电影音乐的主创人员。

之后，他作曲更加专注，经常把其他的事情忘得一干二净。他的女朋友因为他经常忘记约会，甚至骂他“音乐白痴”“神经病”。结婚以后，他给妻子蒸饭，也经常蒸糊，甚至把锅都蒸烂了。

他不管走在哪里，都在作曲，只要想到好的句子，都会马上记下来，当作创作的素材。很多时候，他甚至在梦中醒来，打着手电筒写曲子。

终于，汉斯·季默成功了。在第67届奥斯卡颁奖大会上，他作曲的《狮子王》荣获最佳音乐奖。那一天，是他37岁的生日。

汉斯·季默的努力获得了回报。此亦可见，梦想都是努力出来的。要想实现梦想，就得行动起来，并且为之不断努力。

有一个侨居海外的华裔商人。他小的时候家里很穷，看到别的孩子家里都有汽车接送而唯独自己家里没有时，他曾忍不住问母亲："为什么我总是走路回家。"母亲说："我们家穷啊。""为什么我们家穷呢？""那是因为你爷爷、你爸爸不思进取，错失良机。"

最后，母亲告诉他："孩子，家族的振兴就靠你了。有了梦想，就要行动起来，抢在别人面前，努力地干了才会有成功。"孩子牢记母亲的话，以约6700平方米的祖田和3间老屋为本钱，不断地在生意场上打拼，最后成为世界华人中有数的富翁。他在自传上写了这么一句话："想到了，就要行动起来，就要不懈努力，成功就在努力的后面。"

要想实现梦想，就必须要努力。如果你连努力的勇气都没有，那你的梦想将永远都只是梦想，只活在你的脑子中，而不是现实里。

给自己一个切实可行的目标

梦想很重要，一般也很远大，我想这世界上几乎每个人都有梦想。不过，一般来讲梦想是没有具体的时间限制的，比较模糊的一个概念，比如很多人的梦想就是“要成为科学家”“要成为富翁”“要拥有房子车子”，但是什么时间实现这个梦想，他们心里并没有规划。

而目标则不一样，目标可以用具体的时间来实现一件事情。比如我做餐饮，我想在三年后经营一家店，就是我的一个目标。普通人如果想在两年后买一套房子，买一辆车子也是一种目标。

虽然梦想和目标有区别，但我们也可以看出梦想和目标是有紧密联系的。如果将梦想拆分，就会成为一个又一个阶段性的目标。迈过了这些目标，那就等于我们已经实现了梦想。

从这里也可以看出，我们对目标的设计一定要是有难度而又切实可行的，切不能好高婺远，也不能过于轻松。好高婺远的话，第一个目标达不成，自然地心里就会有畏惧感，没有勇气再做接下来的事。而如果过于轻松的话，会让人变得骄傲，再遇到困难的问题不能解决时，就会有很大的挫败感，照样没有勇气继续走下去。

相信很多人都有这样的体验，当你只想着走10公里的路程时，你在走到七八公里的时候就会觉得很累，而当你想着要走20公里路程时，你在走到七八公里时却不觉得有多累。

所以，我们设立目标也一样，要有难度，又要切实可行。不要太浅薄，也不要妄想一下子成为世界首富，成为拯救人类的英雄，那是凤毛麟角，千年撞大运的事。心性高傲、目标远大固然没有错，但目标就好像靶子，它需要在我们的射程之内才会有意义。

我在生活和工作中，一般都会设置一个切实可行的目标。例如，卖煤炭、卖建材、经营餐馆，我都会给自己设定好每年每季度每月的销售额，这些目标都是在自己的情况上精心规划出来的，不偏离于事实，又具有较高的难度。但我知道，只要我通过坚持不懈的努力，我就能够很好地实现这些目标。一个目标完成了，我又会制定更高的新目标，并且继续坚持、努力下去。

也正是因为有了目标的指引，我很少感觉工作困苦，每当遇到问题时，我都告诉自己："你的目标还没有达成，你不能歇息。"于是，我好像马上又变得活力满满。

看一看世界上那些成功的企业也是一样。好的企业都有10~15年的长期目标，也有1年或1季度的短期目标，他们的经理人时常会提醒自己，在多少时间以后一定要实现我心中的目标，于是各种努力都会向这个目标看齐。

向这些有前途的企业学习是我们每个人都应该做的，要学习他们的目标制定策略，明白自己的长期目标和短期目标，知道自己要在什么时间成为什么样的人。你的心中要有一个概念，就是现在的努力是某个时间后收获的必须。否则，你是没有动力工作的。

所以，我们要有意识地设立一个切实可行的目标，这个目标要结合你的实际情况和实际处境来看，并且规划出一条能达到这个目标的操作路径。

如果你同时在追求多个目标，你要事先化解存在于各个目标之间的冲突或矛盾，以免最后得到的各种成果因为相互抵消而变得徒劳无功。

总之，我们的目标应该明确、固定、清楚，并且符合自己的实际情况和发展方向。不然，你就不会察觉到自己体内的最大潜能，你永远只是“徘徊的普通人”中的一个，尽管你可以是个“有意义的特殊的人”。

| 有了目标，绝不犹豫和纠结 |

我说我们要设定一个有难度的目标，而且在自己能力范围内，这个难度要足够大，这样的目标才有意义。同时，因为有难度就不能犹豫和纠结。如果你定好了一个目标，但又看到巨大的困难，犹豫了，纠结了，甚至还放弃了，那这个目标就没有任何意义，你的人生也得不到丝毫的改变。

我觉得世界上最可怜的就是那些犹豫和纠结的人了。他们决定了一件事情，却不马上行动，也不敢负责任，到最后竟然对自己的决定感到懊恼，甚至是将目标一降再降，最后目标变成一个人人都能实现的目标，这还有什么成绩可言呢?

当我列了一个目标以后，无论那个目标是什么，我都会全身心地投入其中，直到实现为止。有了这种态度，我就有一种自然的充实感。我觉得，没有什么是比犹豫和纠结更浪费时间的了，人在能吃苦的时候就要选择吃苦。

为此，我还想了一个小办法。每天早晨，我都会把各种事情排好，把该做又不想做的事情专门点出来，逼着自己开始，不给自己任何纠结和犹豫的时间。

因此，当犹豫和纠结还没有破坏你的目标之前，你就要马上将它置之死地，不要浪费时间。该今天做的今天一定做，该现在做的现在一定做，要逼着自己常常去练习坚定、果断。

看了下面的故事，我想你更会明白不犹豫和纠结的重要性。

有一位房地产商人想要拿下一个难啃的项目。可是在准备标书之前，他却犹豫了：“这个项目我的希望太小了，我还要不要继续进行呢？”

当时正好一个前来拜访的客人在场，客人看见他的样子，单刀直入地对他说：“我决定给你说一些你不喜欢听的话，但这些话对你会有帮助。”

“看一看你的办公室，又脏又破，你使用的计算机更是陈旧，你脸上的胡子也没刮干净，你的眼光告诉我你已经被打败了。”

“我能想象出你的太太和子女过得也并不好。你的太太一直忠实地跟随着你，希望你将来有很大的成就，可你让她失望了。”

“因为你总是犹豫一件事情要不要做，即使这件事情对你有很大好处，也即使你也定了一些目标，但你总是在困难面前下不了决心。”

“现在，我告诉你你为什么挫败，因为你的目标不够远大，有时即使有了一些好的目标，你也总是在犹豫和纠结中将它浪费掉了。”

“在你的一生中，你养成了这种习惯：逃避。结果到了今天，即使你想做什么，也无法办到了。”

这位房地产商人听后，呆坐在椅子上，下巴往后缩，眼里放出惊讶的暗光，但他并不对客人的这些指责进行反驳。这时，客人说了声再见，离开了房门，走时对房地产商人说：“我的话也许伤害了你，但我倒希望能够触怒你。现在让我以男人对男人的态度告诉你，我认为你很有智慧，而且我确信你有能力，但你不幸养成了一种令你失败的习惯。但你可以再度站起来。”

房地产商人听后，努力地站了起来，握着客人的手，感谢他的好意，并表示自己一定接受他的劝告。

几年以后，这个房地产商人的公司做大了，也成为当地最成功的房地产商之一。在他的公司，他指导业务员最多的经验就是："给自己定一个目标，然后马上去做，绝不要犹豫和纠结。"他还说："延迟行动是最大的错误。"

我们也一样，如果想要有收获，在有了目标之后就要马上动起来，千万不要犹豫和纠结。任何领域的领袖人物，他们之所以能够成为顶尖人物，正是由于他们勇于面对风险，并且从不犹豫和纠结。勇于冒险求胜，我们就能比我们想像的做得更多更好。不犹豫和不纠结，我们才能在最快的时间内完成目标，进入下一个目标的循环。

| 穿越一切障碍，朝着你的目标前行 |

我们定下了目标，并且也开始朝目标努力了。可以想到的是，在这个实现目标的旅程上，我们会遇到很多的艰难险阻、很多的障碍。这时，我们是不应该被这些障碍吓倒的。你要知道，不管什么障碍，在你的努力面前都可能化为乌有。

在实现目标的路上，我们要的就是这样的决心和勇毅。因为一旦你被障碍吓倒了，你之前所做的一切都没有了任何意义，而原先的目标就成了你半途而废的见证。

障碍，是目标实现路上任何人都避免不了的，我们要做的，就是把它看成常态，看成是实现目标的阶梯，你越过了它，你就离目标更近了一步。

我在做生意的过程中，有时候想要完成一个目标，不得不起早贪黑，而且遇到了任何困难都不会埋怨。我曾经受过骗，曾经一个人一晚上下过好多煤炭，也曾经在天气不好时，住过小搭棚，外面下大雨，里面下小雨。历历在目的事情数不胜数。可我从来没有埋怨过，我认为这是我在实现目标路上必然要遭遇的事情，即使今天没受骗，没遇上不好的天气，也许也会遇到其他不如意的事情。要想实现目标，就不会是一路坦途，障碍是常态，也是路上的一种风景。

我们每个人都应该这样，对目标的追求要拿出最大的干劲，锲而不舍地想要去实现它，千万不能被它打倒。被它打倒，你就输了，跨越过去，你就赢了。

“精诚所至，金石为开”，成功往往就在于对目标锲而不舍的努力中。

古希腊的大哲学家苏格拉底曾经给他的学生们出过这样一道试题：“从现在开始，每天把你们的手臂尽量往前甩，再尽量往后甩，如此连续不断地重复300下，做得到吗？”

学生们觉得这个试题并不难，纷纷表示可以做到。

一个月以后，苏格拉底问他的学生：“你们有谁还在坚持做这件事呢？”有90%的学生举起了手。

两个月以后，苏格拉底再次用同样的话问他的学生，这次举手的只有80%了。

一年以后，苏格拉底再问。这时候只有一个学生举起了手，他就是后来举世闻名的柏拉图。

在对目标追求的过程中，我们肯定会遇到各种各样的困难。但是有困难，不等于你要放弃。相反，你要执著前行，只有你坚持到最后，你才可能最终实现目标。

日本的名人市村清池，年轻的时候担任富国人寿熊本分公司的推销员，有一段时间，他每天都在奔波，可连一张保险合同也没签出去。

到了最后，连市村清池本人都快要放弃了。而他的妻子却告诉他说：“一个礼拜，再坚持一个礼拜，如果真不行的话……”

市村清池听从了妻子的劝告。第二天他就打起精神继续去一位校长家里拜访，这次他成功了。后来他曾这样描述当时的情况：“我按铃时都提不起勇气，因为之前我已经来了七八次，对方总是觉得不耐烦。这次对方肯定也不会给我好脸色。可谁知道，对方那时候其实已经准备投保了。如果我不坚持，我想我绝对无法收获那份合同。”

有了第一份合同以后，市村清池继续努力，紧接着又是第二份合同，第三份合同……还有许多人是自愿投保的。就在那一个月，市村清池成了富国人寿销售员中的佼佼者。

其实，我们每个人的天赋都差不多，但是现实生活中，却是有的人成功，有的人平庸。这其中，那些成功的特质绝对包含有无论怎样都要向目标前进的勇气和决心。

所以，不要害怕在向目标前进路上遇到的障碍，你要穿越它，勇敢地坚定无畏地朝着你的目标前行，绝不后退半步，绝不。

努力是梦想的助推器

梦想的实现是多么令人振奋的事情啊。可是梦想从来都不会从天而降，只有经过一番努力才能抓住它。

梦想的旅途就是一条给人以各种考验的旅途，如果不努力，我们只能原地踏步，永远也触摸不到美好的诗和远方。

努力是梦想的助推器。当你幻想着实现梦想的幸福时，你就要努力起来。习近平总书记说：“幸福都是奋斗出来的。”这其实也是给我们指出了一条实现梦想的道路，无他，唯有努力、奋斗而已。

我曾经看到过这么一个故事。

一块石山上有个采石场。采石场上有个石工正在奋力地用锤子一锤一锤地敲击着一块石头，那块石头实在是太大了，实在是太坚硬了，没有人认为它是能被锤子锤得开的。可是石工全然不顾别人的看法，仍然兀自用锤子向那大石敲去。

敲了一百多下后，石工停下来喘了口气，然后又继续着他的“工作”。只见那石头还是纹丝不动。而石工的头上汗水如注，就像是被雨水洗过一样，他身上的衣服已经全部湿透了，为了不影响“工作”，他干脆把衣服脱了。尽管头顶的太阳还很毒辣，仍然不影响他再次扬起手中的大锤。

终于，“哗啦”一声，那块巨石在他的敲击下一分为二。旁边有放羊的小孩，看到这种情况笑了，他对石工说：“你一共锤打了680锤才锤开了巨石，你锤打时我都在旁数着呢。但是我不明白的是，你锤了那么多下，又怎么知道这块石头一定能被锤开呢？”

石工对小孩说：“这个世界上，就没有锤不开的石头，只要你努力地不停地锤下去。我每锤一下石头，石头的内部都会受到一些损伤，只不过我们看不到而已。”

“没有锤不开的石头，只要努力”。是啊，梦想其实就好比那些看起来锤不开的石头，但只要我们努力一分，它就会离我们近一分，并且最终由努力牵引，来到我们的面前。

古今中外，因为努力实现梦想的事例数不胜数。

加拿大曾经有个叫瑞恩的小孩，当他在电视上看到非洲有成千上万的儿童喝不上水时，他震惊了。后来，他听人说在当地用“70块钱就可以造一口井”，他就梦想着一定要让当地人喝上干净的井水。

回家以后，瑞恩想向父母索要70块钱，但父母对他说：“70块钱根本解决不了问题，而且你是个孩子，你也没这个能力。”瑞恩不为所动，仍然每天向父母请求给他70块钱。

瑞恩的父母被问的次数多了，他们开始认真讨论这件事，并且对瑞恩说：“如果你真的想要这钱，你可以自己赚，比如做家务，我们会给你报酬。”

瑞恩真的认真做起家务来，每一样家务活都有价格，做完以后，他的储蓄罐里就会多出一些钱。

半年过去了，瑞恩不但没有放弃，反而做得更起劲。他的父母每次劝他休息时，他都说："让我再做会吧，我一定要赚够钱，给非洲的孩子挖一口水井。"他甚至每天在睡觉前都会祈祷：让非洲的孩子都能喝上干净的井水。

附近的人知道了瑞恩的事迹，纷纷加入其中。不久，报纸上刊登了他的消息。一周以后，瑞恩家收到一封陌生的来信，信里附着一张25万元的支票。

之后的一个月，更多的汇款来到瑞恩家。5年以后，这个梦想成为成千上万人参与的事。现在，瑞恩的梦想已经实现，在缺水最严重的乌干达，有56%的人喝上了干净的井水。

曾有记者问瑞恩："你为什么要坚持这样做。"瑞恩回答说："这是我的梦想，这是个很大的梦想。但我知道，只要努力奋斗，每个人都可以达成自己的梦想。我坚信，这个世界上没有什么事情是做不到的。事实已经证明，只要你努力，你就一定能做到。"

梦想和现实肯定是有距离的，不能实现梦想，排除偶然的不确定的因素，多数原因，就是我们要不要努力去做。但是瑞恩的故事已经告诉了我们，只要有梦想，并且努力去做，就一定能做到。

努力是梦想的助推器。你真正要做的只是努力起来，让自己成为梦想路上的奔跑者。

第七章

世间最容易的事是坚持，最难的事也是坚持

陈泽兵/文

坚持的意义不用多言，世界上的成功无不源于坚持。坚持既是世间最容易的事，也是最难的事。说它容易，是因为每个人只要愿意，就做得到；说它难，是因为真正能坚持到底的，却只有少数人，正是这些少数人，最终成了我们崇拜和仰慕的对象。

丨执著于追求你认为对的事情丨

执著是有方向，是目标榜样导引，是一种专注的精神，是一种可贵的素质。如果你认为这件事情是对的，对社会是有价值的，对人类是有健康的，对社会是有效益的，我觉得你就应该执著地追求下去，直到将事情做成为止。

有句俗话讲“走自己的路，让别人去说吧”。应该就是对执著的另一种诠释。有时我们认为对的事情，也许得不到别人的认可，甚至还会受到别人的风言风语。可那又有什么关系呢，你认为对的，那就是对的。别人永远不能代替你，事情做成与做不成，都只在于你自己要不要执著地做下去。

做任何一件事情都是需要执著的。有的人才智超人，但他们缺乏一种把工作进行到底的精神，结果还是活得平庸。有的人即便才智差一点，可他们有着高度的执著素质，最后却能把那些原本才智超过他的人远远甩在后面。这就是执著的力量。

天上是不会掉馅饼的，我们只有执著地去做对的事情，才能到达理想的彼岸。只要你执著追求，就没什么能够阻挡。

我生长在偏僻的农村，从小就生长在女性较多的家族（父亲常年外地工作，家有妈妈、姐姐和妹妹，从小外婆带大，家族姨娘7人），儿时我就立志一定要改变生存的环境，我要拼搏创造一番事业，为家庭、为家族、为社会、为民族贡献自己的力量。

凭着自己的执着追求，我师范毕业虽然能教书育人，但是不能快速打开自己的眼界，于是毅然离职来到向往的大都市成都，目前我在马应龙药业集团股份有限公司工作，与马应龙一起成长，走过了20多个春秋。我进入公司的第一份工作是宣销员，通过自己的坚持和努力，得到了公司领导和同事的支持和认可，一年后转为正式员工。获得了人生的第一次小成就，我依然执着地坚持走自己的路，不断挑战自己的高度，战胜自己。经过努力，领导把我作为梯队人才培养，我一步步前行，从OTC代表、RX代表、商务代表、区域经理、大区经理助理、办事处经理、大区经理、大区总监。一路走来，一路披荆斩棘，到现在做到西南区域大区总监。

我说这些不是要证明我的成绩有多好，而是要说我从一开始就很想在这个公司立足，做出成绩，我认为只要我做得好了，我就能达成我幼时的目标。为此，我是执著的，20年来，风里来，雨里去，我没有动摇过做好工作的信心，没有过一丝懈怠。在我这样的执著追求下，成绩就自然地做出来了。

每个人实现自己的梦想，都会有不一样的路，不一样的结果。有成功、有失败，我想说的是，20年来，风里来、雨里去，我始终如一坚持着梦想，没有动摇过自己坚定的信心，没有过一丝懈怠。在这样的执着追求下，成功一步步向自己走来，成就了今天的我，成就未来更大的我。记住，成功永远属于那些时刻准备着、有毅力和信心的人。

执著是一种坚守，在纷至沓来的诱惑面前，你要仍能像锚碇般坚固稳定。摒弃那种左顾右盼，游离不定的思想，坚定地追寻下去，最后你会发现你最终得到的比当初那些所谓的诱惑都要好得多。

从古到今，执著追求认为对的事情的例子很多很多。陈景润执著于攻克“哥德巴赫猜想”，几十年如一日地向数学王国发起挑战；李时珍为了写成一部集中药大成的书，不顾艰辛跋山涉水寻找各种草药，了解不同草药的性能；袁隆平执著于培育出高产的水稻，也是踏遍祖国的山山水水，到处寻找野生水稻的杂交关系；姚雪垠执著于写成《李自成》，穷其半生心血，以至于青丝变白发……

也许我们的收获有迟有早，有大有小，但执著从来不会被辜负。

执著是一种勤勉的跋涉、淡泊的心境，是一种刚硬的气质，一种壁立千仞的节操。执著就是“咬定青山不放松，任尔东南西北风”，执著磨练意志，凝聚力量，孕育成功。

执著不但是生存的需要，也是心灵的需要。不论我们处在什么地步，是富有还是贫穷，有所执著才能置常人眼中的得失、荣辱、毁誉于不顾，才能将我们的情感投入到做的事情当中，获得成功，这应该就是生命的价值与意义吧。

逼自己一把，成绩会出来的

有句话讲的是“能力都是逼出来的”。这话不假，我们每个人身上都蕴藏着巨大的潜能，只不过这种潜能平时都深藏着，不会轻易地显露出来。而如果你能逼自己一把，这个潜能就可能被激发出来，发挥惊人的作用。

生于忧患，死于安乐。在这个世界上，有很多人过得庸庸碌碌，我觉得他们不会逼自己是一个很重要的原因。大部分平庸的人，其实都是懦夫，他们不会逼自己去努力，即便有的时候他们想过要努力，可一碰到具体的问题就退缩了，这样的人，遑论开发潜能了。

相反，能逼自己的人就能很好地见证潜能被开发出来的奇迹了。

记得刚到贵州上任办事处经理，那时我才21岁，面对错综复杂的市场，面对尊重历史、着远未来的管理传承，面对关系市场管理一片空白的自己，以先当学生后当老师，三人行必有我师的求知欲望，我几乎白天同同事同行协同沟通拜访，晚上做市场方案，反反复复，日复一日，有强烈的求生欲望，真是老天都会眷顾，通过两年时间能成功管控市场，为了目标达成，调整自己，加强财务、营销、医学、法律等各方面的学习，两年后，公司下达的各项回笼和利润指标都如期完成，所以有了前期的不断求知欲望，才有后来更大的责任和担当。

作为销售工作的管理者来说，充满着压力与挑战，每年、每月、每日，脑子里都是指标，因为完成指标是一个成功销售者尊严的捍卫。只有这一刻才能得到内心真正的开心、快乐。2018年对于医药销售工作者来说，是最有挑战的一年。2018年，两票制、经济环境、电商冲击等，整个商业环境增长放缓，但是我们的决心就是誓死捍卫2018年挑战指标，有了公司领导的决心、信心，作为大区总监我必须带领团队攻坚克难，不找任何借口，从市场找增量，誓死捍卫目标。正是因为要逼自己一把，截止2018年已经连续8年完成任务指标。

要知道，放在平时，一个晚上的时间，从完全不懂到做得还算可以，那可是我想都不敢想的。但是，到了真逼自己的时候，我才发现，我真的能做出这样的成绩来。

我想大多数人都不知道自己的潜能有多大，而到了你逼自己的时候，把自己放在无路可退的地步时，你就能发现自己迸发出来的潜能竟然是如此的惊人。

通常，人都是到了走投无路的时候才会想尽办法寻找出路，也只有切断退路，绝处逢生，人才会埋头苦干。既然如此，那何不主动一些，自己将自己逼到一个“险地”，自己将自己的退路“堵死”，然后主动地，而不是被动地寻找出路。人这一生，主动总是比被动要好得多的。

记得在2010年，也是我成长最大的一年，当时大区销售量不到5千万，四川科伦贸易要占我销售量的30%以上，为了市场切分，刘总要做四川的总经销，否则马应龙系列产品下柜下架，在领导的支持下，我顶着重重压力，渠道扁平化培育，借力借势拔苗助长加大人员梯队锤炼，当年销售量不但没有下滑，还锤炼出了一支打不垮的商务团队，同时也得到了刘总的欣赏，让市场产品真正落地生根，同时更有利于多种营销模式运作。

因此，我们要经常逼着自己去努力，去奋斗。如果，生活中、工作中产生了压力，那你也想到，这不正是一个逼自己的机会吗？所以不要焦躁，要相信自己能够做好。逼自己一把，最大的好处就是，你能够做出那些让你看起来惊讶的成绩。

| 只要愿意做，你就一定能做到 |

有些事情，不是因为难我们不敢去做，而是因为我们愿不愿意去做。

举个例子，比如说你想坚持每天跑步。天气没有变化时，你都坚持下来了，可有一天下雨，你可能就会对自己说：“下雨了，就不跑步了吧”。其实，下雨的时候选择跑步的地点并不难，你可以选一个能挡雨的地方，或是在室内找一块场地也能进行。

再比如说，大家都知道“早睡早起身体好”，早睡早起这事情并不见得困难吧，可是很多人就是做不到，为什么呢？就因为他们在心里不愿意去做，只要他们愿意去做，这还做不到吗？

人生不是用来糊弄的，“下雨了不想跑步”“睡着舒服，再睡一会吧”，这些想法导致的结果虽然会让我们一时安逸，但却不是我们成功应有的状态，我们要的是克服一切短暂安逸的念头，把自己逼到勤奋和努力中去，你最终能达到的高度将比你现在要好不知多少倍。

还有一点，愿意去做和逼自己一把，对潜能的激发有着同等的效果。人的潜能是无限的，当你愿意去做一件事情时，也相当于变相给了自己一份压力，而压力正是激发潜能的最好武器。你要知道，你能做到的远比你自己认为的要多，只要你愿意去做，你就一定能做到。

听过一个故事。讲的是20世纪中期，一个韩国留学生去剑桥大学学习心理学。他在一次午休时，听到一些成功人士的聊天。让他惊异的是，这些成功人士把自己的成功说得理所当然，举重若轻，他想象中的成功不应该是非常困难的吗？

作为心理系的学生，他认为很有必要再次审视一下这些成功人士。在长期的研究中，他发现，人们成功其实很重要的一个原因是他们愿意去做一些事情，并且能长期坚持。因为心中有了这份“愿意”，便有了激情，于是所谓的困难在他们面前都变成了“小事”和“不紧要的事”。

我亲身经历过千人走戈壁挑战赛四天三夜168公里，第一天非常顺利走下了39公里，第二天很艰难地走下43公里，第三天已经非常非常想放弃，满脚底是血泡，毅然坚持，走沙漠的同仁们也从千人陡降至不到300人，保障车在前后不断穿梭，随时解救我们于水火之中，在快穿越沙漠无人区10公里前，对讲机和救援队传出较多人员休克，无人区是没有救援队的，面对惊涛骇浪，面对地面温度达到50度的沙漠，我没有退缩，平常心，靠心中的目标前行，路就在前面，目标即将达成，腿不是我的是目标的，一步一步，十公里，五公里，三公里，一公里，三步，两步，一步终于走完第三天，回到帐篷一个劲地爆哭，放弃还是继续，看看伤痕累累的脚、腿，大拇指已经坏死，我没有抛弃，也没有放弃，第四天飞到了目的地，真是一场血雨腥风，用脚步丈量人生的心境。

“愿意”二字就让我们有了质的变化。所以，无论做什么事，我们都要以一种“愿意”的心态去做，最简单的，不要看见天下雨就不想跑步，不要因为想玩下手机就晚睡，或是因为被窝舒服就晚起；再复杂一些，不要因为感觉这个工作可以不用做就不用做，也不要因为是团体利益的事自己就不积极参与；再高级一些，不要因为离自己的目标还有些时间就一拖再拖，也不要因为一点点困难就想到要放弃，不去坚持。

人世中的事，只要我们愿意去做，就一定能做到，该克服的困难，也都能克服。日本作家中岛薰说：“认为自己做不到，只是一种错觉。我们开始做某事前，往往考虑自己能否做到，接着就开始怀疑自己，这是十分错误的想法。”所以不要去怀疑，我说过，你的能力远比你想象中的要大得多，一开始你就要抱着“愿意”的态度，而且将这个态度贯彻始终。

| 当困难绊住成功时，不要退缩，不要放弃 |

成功无疑是很诱人的，但追寻成功的路又特别烦人，我们总要遇到各种各样的困难，在这些困难面前，成功者从不退缩，而失败者却选择了放弃。

在追寻成功的路上，有些困难总是意想不到的，它们带给我们的结果就是，有可能让你一点一点地丧失信心，除非，你能够完全坚持下去。有的人往往是因为少坚持了几步，结果成功就被上天给予了别人，这是有多么可惜啊。

成功的起点是欲望，但是在把欲望变成成功时，我们就要具有坚韧的意志力。成功者，其实从另一个角度来说，他们也是非常冷静的，他们眼中只有目标，从而能够在困难面前变得稳健，并会动用自己所有的能力，激发出所有的潜能来将困难消除。

而有的人显然缺乏这种意志，他们有强烈的欲望，但只有薄弱的意志，遇到对自己不利的事情时，他们就听命于这种薄弱意志的摆布，结果他所追寻的成功也成了他记忆中的一个影子，无法转换到现实中来。

我在做业务人员时，总是要求自己一定要在公司内做到最好、最完美、最优秀。我拜访的第一家公司，在我拜访之前，得知对手公司一名实力强大的业务员已经来过，我当时就感到了巨大的压力。

那天晚上，我在家里制定了一份详细的拜访计划。第二天一早，我就带着这份计划到这家公司拜访，建立了初步的沟通合作关系。之后，我每天都去打听情况，不断地找时机拜访客户，详细分析拜访的各个环节、客户需求、公司政策等。最终，拟定了一份有助于提升双方合作业绩的合作计划，通过及时的沟通，这份计划得到了客户的认可，正是因为我那份出色的计划、热情的态度，我拿到了这家公司上百万的合同。

在访问这家公司的同时，我还对其他行业的顾客进行了访问，其中有一些大公司的干部，中小型公司的经理，只要有一线希望，我就从不退缩，从不放弃。我不顾艰辛，努力拼搏，最终成了公司最好的销售经理业务员之一。

成功怕什么，怕的就是你能拿出“永不退缩，永不放弃”的精神。

有一个很经典的故事。

有一次，声名显赫的英国首相丘吉尔到牛津大学演讲。当时，会场上人山人海，世界知名的新闻媒体机构都到场了。大家都想听听这位大政治家、外交家、文学家的成功秘诀。

可是，丘吉尔在用手势制止了会场的喧闹时，却只说了一句话：“我的成功秘诀有三个：第一是，决不放弃；第二是，决不、决不放弃；第三是，决不、决不、决不放弃！我的演讲结束了。”

说完，丘吉尔走下了讲台。

短暂的沉寂以后，会场中爆发出了雷鸣般的掌声。

在这个世界上，做事是没有失败的，除非你放弃。只要不放弃，就没有失败。

如果你的意志力并不强，那你就要培养自己坚韧的意志，你可以采用这四个步骤来给自己逐渐加码。首先在确定了自己志向的基础上，不断给自己的欲望火上浇油，其次制定一份可行的计划，再次是让自己不受外界一切消极因素的影响，包括至爱亲朋的干扰，最后是找一些意志坚定的人，和他们做同盟，相互鼓励，共同进步。

这样反复地练习，你的意志是可以得到改善的，如果我们的意志力变得坚韧，那任何困难也不可能打倒我们。

坚持会让你孤独，但也是必需的

为了梦想而坚持，基本上只能靠自己，有的时候，我们既没有同行者，也没有支援者，我们就是个独行者。

我觉得，不管是谁，在追寻成功的路上，都可能遇到极为孤独的时刻。

我对孤独的理解应该说是很深刻的。

我在马应龙药业做业务员时，经常会一个人出去开拓市场，没有同事，不熟悉当地的商业规模、人情世故和市场环境，我只能自己摸索。

虽然，每到一个地方，大街上都满是人来人往，但能和我的心灵对话的，我很明白只有我自己。

我的家人也不在我身边，我21岁时就远离亲人和熟悉的市场，因为生存和亟待改变，我离开他们一个人到贵州上任，有什么困难时我都不能及时得到家人的安慰，我只能自己安慰自己，自己鼓励自己。凭着自己的毅力，一步一个脚印，迈上了成功的道路，在贵州带领团队完成公司下达的任务指标。第一次带领团队，让我有了团队管理经验和实践管理经验，为我人生的发展奠定了基础，为我走得更好更远向前迈进了成功的第一步。

这种深深的孤独感很长时间伴随着我。但我知道，要想成功就得这样，有时候并不是你不想孤独就不会孤独的，孤独也是对我们的一种考验，你熬得过去，才能赢得未来。

我想，创事业的人都曾有过孤独时光吧。

我们所熟悉的居里夫人，她的事业没人理解，没人支持，她只好一个人孤零零地探索。但就是在这种孤独中她却取得了成功。我敢肯定，她的内心是幸福的，因为孤独，她才摘取了科学史上最难以摘取的桂冠。她发现了新元素镭，她获得了诺贝尔化学奖。

肯德基的创始人桑德斯上校创业时也是孤身一人，他的店开在一家高速公路旁，本来生意不错，但后来因为高速公路改造，他的店一下子没了客流。他不得不一个人重新创业。没有伙伴，他一个人开着车跑遍了美国，吃住都在车上解决，在被别人拒绝了一千多次以后，才终于找到人买他的秘方，这才使他的连锁店开遍世界。

我还知道很多合伙创业的人，因为在初期遇到了一些困难，合作伙伴相继离开，最后不得不一个人孤独地撑下去，但也因为他们这份执著的坚守，他们最终守得花开见月明。

我知道，一个人前行很困难，不止是要经受内心的煎熬，可能还要忍受别人的不理解，但是你要相信，孤独是成功路上必需的过程，只要坚持，就有收获希望的那一天。

拿唐朝时的僧人玄奘来说吧。玄奘出家后，发现从天竺翻译过来的佛经有很多错误的地方，于是萌发了亲往天竺取经的想法。

当时，从唐朝到天竺的路途不仅艰难，而且路上还会遭受到对唐朝不友好的西突厥的侵扰，连唐朝政府都会限制百姓到西域去。虽然有这么多困难，但玄奘没有放弃，带着两个和尚开始了西行。

然而，就在他们路过瓜州时，一行人打听到玉门关外是一片漫漫黄沙，除了几座堡垒，都没有水源，服侍他的两个小和尚产生了畏难情绪，私自逃跑了。

路程还没走到一半，就只剩下了玄奘一个人。可就算是一个人，他也没有退缩，他凭着坚韧的毅力穿过了茫茫大漠，又翻过了严酷的雪山，在历经千难万险之后，终于到了天竺，取回真经。

这些人都能忍受孤独，抓取成功的果实，我相信我们也都能。曾经有句话讲“挺得过孤独，才见得到幸福”，不要以为孤独会让自己落后于别人，会让自己的世界封闭。有的时候，孤独也许正是你探索世界的另一种方式。

“自己制定的梦想，到最后即使只剩自己一个人又如何，我还要前行，永远前行，直到看见幸福的黎明。”

这是我经常自勉的一句话。我也希望你们能将它视为座右铭，在追寻成功的路上，共勉。

不认输，未来才会是你的

成功路上遭遇失败简直是太平常不过的事情了，甚至你还会一而再，再而三地遭受失败。失败总是容易让人心下黯然，但是有的人却会这样说：“这算什么。”他们不会认输，失败了，爬起来继续奋斗。但是，更多的人却是在为自己的失败找理由，自欺欺人。

那些遇到失败就认输的人，其心理状态肯定是脆弱的，长此以往，他们就会陷入一失败就不敢尝试的恶性漩涡，无法自拔。

凡尔纳是世界知名的科幻作家，他写的《海底两万里》已经成为科幻的经典。但是很少有人知道，他在刚开始写作时，也遭遇了难以想象的失败。

1863年的一个冬天，凡尔纳吃过早饭后准备去邮局，就在这里，他听到一阵急促的敲门声。打开门，是邮局的工作人员。

看到此，凡尔纳觉得不妙。果然，邮局人员交给他的是被出版社退回来的科幻小说。加上这一次，他已经被出版社退稿15次了。

凡尔纳打开包裹，只见自己的稿纸上写着这么一行字：“凡尔纳先生，我们审读书稿后，不拟出版，特此奉还。”

看到这些文字，凡尔纳心里一阵难过。又失败了，他挥舞着拳头，心里愤怒地说：“我再也不写了。”

可是，稍等了一会儿，他又鼓励自己说：“有什么了不起，我还没有彻底地输，我再试试吧。”

于是，凡尔纳重新整理好自己的书稿，第16次寄向了另外一家出版社。这次，凡尔纳成功了，那家出版社读完书稿后，决定立即出版，并与凡尔纳签订了20年的出版计划。

是不认输的心态拯救了凡尔纳。

是的，不认输能够拯救我们。不仅是凡尔纳，前面说的桑德斯上校，曾经失败了一千多次，但他最后不也成功了吗？爱迪生发明电灯，也是失败了几千次，但最后还是成功了。

失败在我们的人生中本来就是常有的事，我们不应该惧怕它，而是应该勇敢地面对它，只要不认输，我们就会见证光明的未来。

我在工作中，都不知遭受了多少失败。尤其是做业务员，被同一家公司拒绝几次、几十次都是常有的事，但是被拒绝并不代表我不会再向他们推销产品，反而我会拿出更大的热情，更好的服务去打动他们。正是这份不认输的倔强劲，最后，这些公司都会与我紧密合作。

我不认输，所以我才不会一直失败。

在失败面前，有的人不认输，有的人认了输。当然，能成功的一定是前者，自暴自弃自我毁灭的则是后者。

所以，我们一定要摒弃脑海中“认输”的这种否定思想，一旦你的脑海中形成了“认输”的习惯，你的外在行为和精神面貌就会越来越颓唐，让你在失败面前越陷越深。不认输则能诱发光明积极、活泼开朗的个性，让你具备自信，而自信正是成功的基石。

福楼拜说：“你一生中最光辉的日子，并非是成功的那一天，而是因为不认输而从心底涌现出挑战的心情和干劲的日子。”的确，成功也许不是最美的，最美的是因为不认输，而在失败面前继续奋斗的精神。成功不过只是努力的一个结果罢了。

| 不仅要坚持，还要聪明地坚持 |

成功一定是需要坚持的，我想要说的是，坚持不是让我们要“一成不变”地去做事情，很多时候我们是需要“聪明地坚持”的。所谓“聪明地坚持”，也即在坚持的过程中，我们要对自己做的事情不断地反思，不断地规划，不断地更新，或者是在做一件事情前，自己就有一个很好的预判，而不是傻乎乎地蛮干。

人是一种有思维的动物，那我们的坚持也就要用思维来进行辅佐，这样的坚持才更有意义。

举个例子来说，一个人如果在困难面前，不去认真地思考，不在理性的分析中找到解决问题的方法，那就算再怎么“坚持”也不会有结果的。再比如，做一件事情时，如果只是守着传统的方法，而一点也不懂得创新，那样的坚持也是不行的。

所有这些让事情更好、更快、更高效解决的方法都可以说是“聪明”的坚持。坚持很重要，“聪明的坚持”同样重要，“聪明”带给我们的是时间、精力和金钱的节省，可以让我们比别人早一步感受到成功的喜悦。

比如我在带领业务团队时，我的作风是雷厉风行，要么重奖要么重罚，这也让我在一开始的时候尝到了甜头，团队的业务在公司里遥遥领先。但是后来随着市场需求的下滑变化，我的团队出现了不稳定的局面，有些业务骨干甚至选择了离职。

面对这个问题，我开始静下心来思考自己是不是哪儿做得不对。后来我发现我重奖重罚虽然好，但却让手下的业务员很怕我，市场行情好时，这个问题还不明显，但市场需求下降时，他们就人人自危，害怕外部环境影响到自己的成绩，遭到重罚。为免于此，有的人也就选择了辞职。

意识到了这个问题，我马上做出了改进，适时地给员工以鼓励鼓舞，并且告诉他们在市场行情不好时，不会以同样的标准来考核他们，减轻了他们心理上的负担，整个团队又良性运转了起来。调整自己管理营销团队的方式方法，找到上下级之间的沟通渠道，实现团队氛围的融合和谐。通过思维和行动的调整，团队整体战斗力得到了有效的提升，业绩稳步提升。

我们在坚持的时候，要多带着问题去思考，也要多培养自己的创新能力。“聪明地坚持”既能表现出你强烈的成功信念，又能表现出你应对困难和挫折的态度。

想象力是你的财富，也是你可以控制的东西，如果你真能“聪明地坚持”，这份“聪明”带来的好处真的是太多太多了。

马云的创业之路，说得上是一波三折，最困难的时候甚至没有任何企业和个人愿意投资，但是马云仍然矢志不渝地坚持着，同时他也很聪明，随时用自己脑海中迸发出来的想法给自己的坚持指路。

例如，马云刚开始的时候做互联网，借鉴的是欧洲的模式，但是公司运转得很艰难。有一天，马云脑海里突然蹦出一个想法，创立一种适合中国的电子商务模式。因为欧洲的电子商务主要针对的是大企业，而中国的电子商务则主要针对的是小企业，这两种方式不能用同一种模式。因此他决定开创一种前所未有的模式。为此，他放弃了在北京的一切，回到杭州，召集起一群人全力攻坚，钱不够就找亲戚朋友借，最终的结局，我们当然也知道，他成功了。

由此亦可见，我们用思维来辅佐坚持有多重要。

要想“聪明”，我觉得可以从以下几个方面多去训练自己。一是记录下自己平常的一些想法。只要是新奇的就都记下来，也许它在某个时间点真就能成为你很好的解决办法；二是如果出现了问题，要多问自己为什么会这样，这其实是一种重新思考的过程，在这个思考的过程中，你可能就有更好的方法从头脑里冒出来；三是可以时常让自己换一下思维方法，如逆向思维等。

成功在于聪明地坚持，做事情，要讲创新、讲方法，一味地蛮干是不可取的，你足够“聪明”，你就能取得足够大的成果。在任何问题面前，你都应该好好地想一想，我这样做是不是对的，有没有更好的方法。莫里哀说：“变通是才智的试金石。”永远不要想着只拘泥于一种形式，也许，解决就在你变通的那一刹那就出现了。

第八章

梦想的实现总是先苦后甜的

夏晶/文

吃得苦中苦，方为人上人。在实现你梦想的路上，“苦”永远都排在“甜”的前头，这个世界上没有安逸平顺的成功，只有艰辛坎坷换来的成功，你今天吃得下苦，明天才尝得了甜。

再大的风浪也不能阻止你的远航

世事常变易，人生多艰辛。虽然我们都希望自己的人生一帆风顺，但在成功的航程中，“风浪”却总是时不时地光顾我们。

遇到艰难险阻是我们成功路上常有的事，例如工作环境的恶劣，先天的条件不足，生活中出现了灾变等，这些“风浪”给我们的成功设置了严重的障碍。在这些“风浪”面前，有的人被“风浪”吞噬，有的人却能勇敢崛起。

“风浪”是航行的暗夜，是征途的低谷，但是“风浪”并不强大，我们可以奋起和它作殊死的抗争。看一看那些在大海中航行的船，虽然有的被狂风大浪打得桅断帆残，但依然能够成功驶向目的地，我们要学习的，就是这种精神。

我听说在英国的国家船舶博物馆里，停着一艘极为特别的船。

这艘船之所以能放置在博物馆，在于它有一段不平凡的经历。原来它只是一艘普通的货船。从1894年下水以后，它就屡遭劫难，仅是在大西洋的航行中，它就遭遇过139次冰山，126次触礁，21次起火，267次被风暴折断桅杆，但让人惊叹的是，虽然它历尽劫难，但它却不曾沉没。

有一个美国律师曾来这里参观。当时他正好打输了一场官司，他的当事人不顾劝阻，自杀身亡。当事人死后，给他的家庭带来了巨大的打击，对这位律师的打击也很大。虽然这不是他首次辩护失败，但他总感觉是自己对不起当事人。

律师不知怎样安慰当事人。直到看到这条船，他才有所触动，他觉得应该让那些遭受不幸的当事人都来看看这条船。

因此，他记下了这艘船的资料，并拍下了它的照片，将其带回美国，照片挂在办公室的墙壁上，资料放在办公室的抽屉里。

之后，每当有人找他辩护时，不管是输是赢，他都要给当事人讲起这艘船的故事，并建议他们都去看一看这艘船。从此这艘船名声大振，参观者络绎不绝。

其实，我们的人生又何尝不是一艘船。虽然我们不能去博物馆里亲眼看看这艘船，但是我们能够想到，在大海上航行的船只，从来就没有不被风浪打伤的，纵然风浪再大，我们也要有决心继续我们的远航，直到到达目的地。就像这艘船，它成了人们敬仰的对象。如果你能扛过风浪，你也会成为人们敬仰的对象。

现在有句话叫“愿你历尽千帆，归来仍是少年”，在风浪面前，我们的决心、我们的勇毅绝不可丧失，相反，你要让风浪激起你更大的斗志，让它在你面前对你俯首称臣。

所以我觉得，我们找好了目的地，就绝不能退缩，绝不能被风浪吓倒，一定要有一种“不达目的誓不罢休”的精神。

我刚创业做培训的时候，父母老公都不支持我，他们希望我找份工作平淡地过完一生就好了。可我不想这样，我希望开创一番事业，达到我能达到的人生高度。

那时候遇到的“风浪”现在想起来我都还不寒而栗，招生难，带学员更累，有的时候不眠不休做了几个月的计划，到最后却见不到人来咨询。而带的学员因为没有针对性，老是没有起色，有的人甚至和我反着来，让我百般为难。

但是，风浪没有阻止我，在短暂的失意过后，我又露出笑脸，用更大的热情投入其中。最终，那种抗争的意志让我从风浪中摆脱了出来，也才有了现在还算不错的事业。

我只是普通大众中的一员，我能做到，你们也能做到。

坚韧的意志、抗争的雄心是风浪打不倒的。古往今来，凡立大志成大功者，有谁不是饱经磨难，备尝艰辛呢?

不要在风浪中沉沦，我们要做的，是直面风浪，哪怕流血流汗又如何，只要我们能以坚忍不拔的意志奋力拼搏，我们就一定能冲出风浪的包裹，见到丽日艳阳。

感谢那些折磨你的人

大多数人都对折磨自己的人怀着恨意，可我要说的是，你应该感谢他们，是他们让你有了成长。

我们都有着无限的潜能，这个潜能平时“深藏不露”，在特定的条件下才会被激发出来。而别人的折磨，就是激发我们潜能爆发的条件之一。修行者有一句话“不吃苦，就不能成佛祖”，这句话道出了我们的成功必然是要忍受一些苦难和折磨的，唯此才能苦尽甘来。

这就好比燧石，外界对它的敲打越厉害，它最终发出的光芒就越耀眼。正是那些敲打才让它有了光华。这样来看，燧石是应该感谢那些敲打的。我们也一样，对于那些折磨我们的人，我们也应该心存感谢。

哪些人会折磨你，不仅是你的对手，你的领导、同事、下属都有可能折磨你，但无论是谁，他们的折磨对我们都是利好，而不是灾难。

拿对手来说吧。我们常说自己要想强大就要和高手过招。对于有竞争心的人来说，对手愈强，自己才会愈发想要超过他们，从而才会不懈地努力，训练，直到超过对手为止。这一点在体育比赛中表现得尤其明显，有的运动员在比赛中一直被对手压制着，但他们不放弃，不退缩，因为有了对手，自己才有了更大的动力去赶超，终让自己的成绩也有了很大的提高。

例如，牙买加的短跑女皇玛莲·奥蒂，她参加了7届奥运会，获得了8枚奖牌，在世锦赛上也获得了14枚奖牌，但始终与金牌无缘，因此人们给了她一个绰号“永远的伴娘”。但她从不言败，反而将对手的折磨化成动力，也不因自己年龄的增长放弃训练。2010年，50岁的她还在赛场上奔跑，她也成了田径历史上参赛年龄最大的选手之一。对于比赛，玛莲·奥蒂说她这辈子输的比赢的多，但是输带给她的收获却比赢还要多。

是的，对手会折磨我们，但是在这样的折磨中我们不要感受到满满的恶意，相反，他们的折磨能让我们收获良多。折磨，反过来看就是一种帮助。

再比如，领导会折磨我们。但是你有没有发现，有很多人却是在领导的责骂中成长起来的。俗话说“不挨骂，不长大”，责骂于我们，不应该归咎于怪罪，你把它看成是对自己心理上的刺激就好了，经受住了心灵上的打击，我们要做的就是奋起直追，超越原来的自己。

我认识一个人，他以前做服务生的时候，老是被老板责骂。开始的时候他很不舒服，总是在暗地里抱怨。但是时间长了，他却发现自己在每次被老板责骂以后就能得到一些启示，学到更多的东西。有了这个感悟之后，他不再害怕被骂，有的时候甚至主动“找骂”，在被老板骂过后他又会立即请教正确的做法，老板这时也会耐心地向他讲解。

两年以后，他的技能越来越熟练，老板“骂”他的机会少了，他也被提升为部门经理。对于当初老板的“责骂”，他至今仍是感激不已。

当然，同事、下属的折磨，甚至是父母、亲友的折磨也是一样，这些折磨最终都有可能让你成长得更好。

成功学大师卡耐基说过："一个人在饱受折磨的背后隐藏着未来的成功，折磨也是人生所需要的，它和成功一样有价值。"所以，我们其实应该抓住这些受折磨的机会，将这些折磨转化成向上的动力，让个人的能力迅速得到锻炼和提升。而对于那些折磨我们的人，抛掉怨恨和不满吧，发自真心地感激他们，正是因为他们的存在，我们的生命才充满了机遇和挑战，也充满了转折和收获。如果你能用这种心态去对待那些折磨过你的人，你就不会再是个消极悲观的人，而是一个勇于挑战各种困难的勇士。

| 努力的人眼中是没有小事可言的 |

努力的人，对大事小事都会一视同仁，他们不会因为有些事微不足道，就忽略它，不重视它，相反，他们会用对待大事一样的精神来对待小事。

小事不小，想一想，其实所有的大事都是通过小事累积起来的。小事虽然小，却有着大能量，如果一些小事做不好，就会直接影响大事的效果。因此，世界上那些做成大事的人，往往做小事时也非常努力，而做小事不愿意努力的人，也肯定做不成大事。俗话说“千里之行，始于足下”，我们只有努力地把当下的事情都做好，日后才能有所成就。

努力是一种态度，它不应以大事小事来区分。有的人眼里总想着自己要在哪个方面做出大的成就，眼睛只盯着那些大的方面，而对一些小细节小事情不屑一顾。结果呢，因为不能将一些小事处理好，大事情做得漏洞百出，正所谓“一屋不扫，何以扫天下”，你连平常的屋子都扫不好，又凭什么说能够扫天下呢？

这个世界上有一个颠扑不破的道理就是，一个能把每一步脚印都走好的人，也是最不容易跌倒的，而那些喜欢大跨步的人，他们也最容易跌倒。从中也可以看出，每一步、每一件事对我们都有意义，我们不能够区别对待。

还有一个道理是，有些小事，就算你能把它做好，那也是了不起的成就了。

我现在做的是纹绣，这并不是什么大的事业，但我很喜欢它。而对于其中的任何细节我都会认真对待，有时就是一个可有可无的运针的动作，我也会努力练习到凌晨一两点，那时候我还要抽空带孩子，在别人看来，我这样不可谓不辛苦，可我却并不觉得，我认为这是我应该做的，是值得我努力的。

也正是因为将这些小事情都做得很到位，后来我给客人服务时，他们都觉得我做得比别人更好，因此纷纷到我这来做，我的生意也好了很多。

所以，与其眼里总盯着大事，我们还不如尽心尽力把眼前的小事情都做好。小事做好了，得到了人们的认可，你自然就会有做大事的机会。

皮尔·卡丹说过："如果你能真正地钉好每一枚纽扣，就比你能缝出一件粗制的衣服更有价值。"做好小事，其实正是做好大事的开始，我们有没有这样的理念，是决定我们走不走得长远的一个关键。

美国邮差弗雷德，只是万千普通邮差中的一员，但他把这个别人眼中的社会底层的工作做得非常棒。而他也成了美国家喻户晓的人物，甚至被很多企业列为员工学习的榜样。这是为什么？就是因为弗雷德并不把邮差的事当小事，而是仍然努力认真地去做，并将这小事做到极致，他也就自然地成就了一番不平凡的业绩。

努力的人眼里是没有小事可言的，细微之处其实更能见我们的态度。工作中，一个能将细节做好的人总是更能受到老板的欢迎，商场中一个能将细节做好的人也更能赢得顾客的青睐。现在是一个很讲究细节的社会，这就要求我们更要关注细节，关注小事，不要轻视它们，轻视了它们，其实你轻视的就是你自己。

| 失败一定有原因，成功一定有方法 |

世界上那些成功的人，我从来不认为他们是受运气眷顾，而是认为他们的成功是过硬的实力加上有效的方法使然。

随便举几个例子就可以看出来。

例如，马云、马化腾能在互联网中成为一方巨头，连续多年排在中国的富豪前列，是因为他们运气好，还是因为他们有一套经营企业的方法？

乔丹、梅西，这些在体育场上叱咤一方的人，他们获得了无数的奖杯，这是因为他们运气好，还是因为他们掌握了赢球的方法？

……

我觉得稍有常识的人都会认为，他们是掌握了一些方法的因素。

是的，成功一定有方法。不止是他们，普通如我也是一样。虽然我做的只是纹绣的小生意，也只是取得了一些小成功。但我这些成功绝不是因为我运气好，而是因为我的一些方法使然。

例如，我在陈飞老师的课堂上，学到的那些颠覆我以往观念、改变了我的思维、放大了格局的方法就让我非常受用。因为遇见了陈飞老师，我的事业发展到了一个新的高度，我生活中的好多事情也都慢慢地好了起来。

后来，我刻苦钻研，又悟出了无麻无痕自然眉的技术。这个技术不需要任何稳定剂，配合专业的操作手法与技巧，就可以让眉毛栩栩如生，宛如天生般的自然有灵气。这个技术问世以后，引起了纹绣界的大轰动，为纹绣行业的发展做出了自己的贡献。

这些方法是我独有的，也是成就我事业的基石。

而失败呢，既然会失败，那就一定有原因。找到这个失败的原因，我们才能避免再次失败，甚至是从失败中找到成功的方法。

华人首富李嘉诚先生，他曾经接受一本杂志的采访。当时记者问他："你经营了几十年的企业，跨越了几十个行业，你有没有做过赔本的生意。"

李嘉诚回答说："没有。"

记者很惊讶，追问道："你是怎么做到的？"

李嘉诚说："我把我90%的精力都用在了研究失败后怎么处理中了。如果你能花90%的时间避开了所有可能失败的理由，那你是不是会非常接近成功。我总是会把失败的原因全都研究一遍，当我得出结果的时候，我就已经立于不败之地了。"

失败是可贵的，不然也不会有"失败是成功之母"的说法了。很多人没有成功，我觉得他们就是不知道从失败中找原因，不知道找成功的方法，他们一次又一次地尝试，无非是把成功变成了单纯的概率游戏，将成功交给了运气。如果你失败了100次，还没有从失败的过程中获得一些启发，那你之前的失败就毫无价值，接下来也注定将是屡败屡战，屡战屡败。

因此，你们要有意识地改变自己，要有意识地去分析失败，让自己以后不要再犯。

还有一点就是要去学习成功的方法，就像我跟随陈飞老师学习一样。学习什么呢？我觉得有三样东西是一定要学的：一是坚定的信念。信念就是你怎么想的，因为思想决定行业，行业决定结果，结果决定生命是否精彩；二是要学习好的策略，也就是那些好的方法，有些方法是与众不同的，又有很好效果的；三是要学习行动的方案，就是要做好，具体应该怎么做，成功者是如何循序渐进来做的，他们每天会采取哪些行动。如果你想要过更好的人生，那就不妨去学习更好的方法，这是一定会帮到你的。

| 在哪里跌倒，就在哪里爬起来 |

我一直秉持的观念就是，在哪儿跌倒，就在哪儿爬起来，我绝不在一个坑里跌倒两回。

成功的人生无不是伴随着失败和挫折的，跌倒了其实并不可怕，可怕的是跌倒以后就偃旗息鼓。想一想吧，我们每个人都是从不会走路到习得走路的，如果我们幼时在学习走路时，只要跌倒了一步，就不再学习，那我们一辈子也不会走路。

成功不也是同样的道理么。如果你跌倒了爬不起来，拒绝再拼，那你一辈子也不会成功。其实，跌倒是非常有益的，你能从跌倒的地方再爬起来那就更有益了。

一家公司招聘司机，来了三个人应聘，主考官问他们，在他们的驾驶经历中，有没有出过交通事故。有两个人都很得意地说，自己连一次很小的事故也没有出过，但这两个人却落选了。而那个说自己出过不大不小事故的人却被聘用了。

后来，我问主考官："你为什么不用那两个没出过事故的。"

主考官回答我说："司机这一行，看起来很简单，就那么几下，然而经历是非常重要的。那个出过事故的人，我能看出他没有事故的阴影，而且这事故肯定也让他收获了不少的经验，所以我用了他。”

主考官的做法让我深有感触。的确，一个人如果能从跌倒的地方爬起来，是非常难能可贵的，这表明他们没有被跌倒吓倒，而且他们在这次跌倒中一定习得了一些经验，保证他们此后不会再犯同样的错误。

有句老话讲的是“人非圣贤，孰能无过”，跌倒很正常，做到从跌倒中爬起来也应该很平常才对。这就好比我们走一条没有人走过的路，摔几个跟头没什么，爬起来继续走就是了。

跌倒了就一跌不起，垂头丧气，怨天尤人是一种消极的态度，我们必须摒弃这样的思想，化消极为积极，你应该把跌倒看成是一次必然，一次有益的帮助。

看过这么一个故事。

有一次上体育课，体育老师正在考核一群学生，看他们能不能越过一米一五的横杆。当时，几乎所有的学生都失败了。这其中也包括了一名11岁的男孩。

但令人赞赏的是，这次失败并没有让这个男孩觉得一米一五就是他不可逾越的高度。他后来开始冥思苦想有没有更好的办法。

有一次，他突发奇想。在老师让他起跳时，他跑向横杆，然后在到达横杆前那一刻突然转身，背对横杆腾空一跃，没想竟然跳过了一米三五的高度。虽然他下落的姿势很狼狈，但是他却实实在在地成功了。他从跌倒的地方爬了起来。

当时的体育老师对他的方法很赞赏，鼓励他继续练习这样的“背越式”跳高，并帮他解决了一些技术问题。成人后，他在奥运会上采用这种姿势，征服了二米二四的高度，一举夺得金牌，他就是美国著名的跳高运动员理查德·福斯伯。

看，跌倒了爬起来就可能是一次成功的开始。因此不小心跌倒了，不要一蹶不振，不要垂头丧气，相反，你应该爬起来，然后找一找让自己不跌倒的方法。

就像奇美集团董事长许文龙说的那样："跌倒了你可以在站起来时，顺便看看四周有没有什么可以捡的。"捡什么？捡的就是失败的原因，避免失败的方法。

跌倒可以累积经验，跌倒并不是坏事。我们小的时候学走路，在跌倒的时候父母会鼓励我们"没有关系，跌得多，才学得快"，成人后我们跌倒了，没了父母的鼓励，那我们就要自己鼓励自己"没有关系，跌得多，才成长得快"。

痛苦的回报，是将来的幸福

幸福，它总是在痛苦的后面。

不经历风雨，哪能见彩虹。痛苦于幸福，就好比是风雨于彩虹的关系。痛苦是会给我们带来回报的，而这份回报，就是将来的幸福。

因此不要把现在所经历的痛苦当成是全部，你要知道，痛苦只是暂时的，熬过这份痛，你才能步入幸福者之林。

我现在取得了一些成功，但回过头去看，我也收获过等量的痛苦。就像我原来学习纹绣，每天要从早晨练到凌晨一两点钟，这是痛苦的；创业以后，感到很累很累的时候更是数不胜数。这些加在我身上的痛苦，只要有一次我被它们打败，我就不会有现在的生活。

曾听人说过一句话，你经历了多少痛苦，就会收获多少幸福。我认为是这样的，现在的痛苦越大，或许以后的幸福也会越多。

我很欣赏林肯，要说经历的痛苦，可能很少有人能超过他。但他后来成了美国总统，要说成功，恐怕了也很少有人能超过他了。

1832年时，林肯失业了，这让他很伤心，但他下定决心要当政治家。可糟糕的是，他在竞选中又失败了。同一年里遭遇两次打击，无疑是让他极为痛苦的。

但他没有退缩，他又开始创办企业。可是还没到一年，这家企业又倒闭了，在之后的17年里，他都不得不为偿还企业所欠的债务而到处奔波。

接着他再次竞选州议员，这次他成功了，这让他看到了一线希望。1835年，他订婚，可就在快要结婚时，他的未婚妻却不幸去世，这对他的精神又是一个巨大的打击，甚至数月卧床不起。

1838年，就在他觉得身体状况有所好转时，他决定竞选州议会的议长，可是又失败了。1843年，竞选美国国会议员，再次失败。

可能，有很多人在面对像他一样的境况时，都会选择放弃，做一个“逃兵”。但他没有。1846年，他竞选国会议员，终于成功当选。

两年后，他决定争取连任，结果很遗憾，他又落选了。为此，他还赔了一笔钱。之后，他又失败了两次。但他还是没有服输。1854年，他竞选参议员失败，两年后他竞选美国总统提名失败，再两年后，他竞选参议员失败。

在努力的11次中，他只成功了2次。如果你是他，到这时，是不是又在打退堂鼓了。

但他没有。1860年，他竞选美国总统，这次成功了。

在这个世界上，没有人能够随随便便成功，每一项成果都需要付出艰辛，会有痛苦的经历。不劳而获是不能让我们感到真正的快乐的，快乐永远来自于付出和收获。

不要沉浸在某个让你痛苦的情绪中不能自拔，只是缅怀于昨天，又怎么能够面对明天呢。前途是光明的，道路是曲折的，痛由它痛，将努力视为日常，你才能享受痛苦过后的属于你的幸福。

冰心说“成功的花，人们只惊慕它现时的明艳，然而当初它的芽儿，浸透了奋斗的泪泉，洒遍了牺牲的血雨。”是的，这是至理。所以如果你还在埋怨生活让你痛苦的时候，你的思想、情绪就该转变一下了，你要振作起来，保持斗志，蹚过痛苦，希望就在前方。

第九章

奔跑起来，把自己“逼”上巅峰

凌薇/文

努力不是被动的，而应该是主动的，你要学会逼自己，逼自己远离舒适区，逼自己远离安乐窝，断绝自己的退路，把自己放在不得不努力的境地中，然后奔跑起来，唯如此，你才能更快地到达顶峰，傲视天下。

没有翅膀，那就努力奔跑

这个世界并不是公平的。而这种不公平导致的最显见的结果就是，人与人之间从出生开始就有着很大的差距。有的含着金汤匙出生的人，他们似乎从一开始就拥有我们要用一生的努力来达到的高度。比如说，古代的皇子，一出生就衣食无忧；现在的一些富二代，一出生就能被贴上富翁的标签。但是，我们大多数人却并没有这么好命，我们生在一个普通的家庭，没有什么权力，没有什么财富，没有家世背景，没有一开始就能让我们翱翔的翅膀，那我们怎么办呢？

没有翅膀，而我们也想到达那个我们梦想的地方，我想只有一个办法了，那就是用我们的双腿来努力奔跑。是的，没有翅膀，不能飞翔，但为了梦想我们还可以奔跑，努力地奔跑。

我记得有句话是这么说的，能到达金字塔顶端的动物只有两种——老鹰和蜗牛。老鹰之所以能，是因为它们天生有一双宽大的翅膀，让它们能够轻松地飞到金字塔顶端。而蜗牛呢，不但没有翅膀，行进得也很慢，它之所以也能爬到金字塔顶，就来缘于它能从金字塔最底层一直往上努力地爬，从不停歇，最终它也征服了金字塔。

可见，同样的地方，有翅膀的和没有翅膀的都能到达，只不过有一个先后之别。没有翅膀，没有关系，我们也能像蜗牛一样，用努力来弥补翅膀的缺陷。

有没有翅膀不是我们能决定的，而努不努力则是我们自己可以决定的。如果我们也想自己过得更好些，也想自己成为一个成功的人，那就努力起来吧，只有努力能缩小你和别人的差距，也只有努力能让你拉开和别人的差距。

我也算是一个没有翅膀的人。我出生在一个农村家庭，高中毕业以后就没再上学。从这里也可以看出，我的家世不好，学历也不高，但我从不把这当成是负担。我一直认为，只要我努力，别人能过的生活，我也照样能过。

不到20岁时，我就在为开创自己的一番事业而打拼。刚开始时，我开理发店。那时没有经验，也缺乏技术。为了学好美发技术，我到其他理发店拜师学艺。每天晚上，当别人进入梦乡的时候，我还在勤练理发技术，练习到凌晨两三点钟对我来说简直就是家常便饭。

一番努力之后，我终于开起了理发店，并且在自己的热情待客和苦心经营中，得到了越来越多顾客的认可，生意也比很多其他理发店要好。

我现在做纹绣行业的教育培训也是一样的，那份努力劲从来没有变过，加班学习，刻苦钻研，不畏艰险地跑市场等。而这份努力回报我的，就是生意上了一个很大的台阶，事业有了明显的进步，也过上了被很多人看来还不错的生活。所以，我想说的是，如果我们想成功，但又没有好的先天条件时，那我们就只有努力奔跑起来了。

看一看世界上那些成功的人士吧，他们大多数人也可以看作是没有翅膀的。比尔·盖茨的第一份工作是男侍从；周润发最开始是酒店里跑堂的；戴尔公司的创始人迈克尔·戴尔最早也是一名洗碗工……但是他们为什么会成功？甚至达到了被全世界人仰望的高度？那就是因为他们一直在奋斗，他们在竭尽全力摆脱没有翅膀的缺陷，而这种努力也让他们获得了应有的回报。

生活是自己的，没有人能给我们铺就一条完全平坦的路，不要害怕自己先天缺少什么，你要知道，努力真的会弥补你的一切短板。

努力，甚至还不只是竭尽全力

我已经说过了努力的重要性。可我想，一定有很多人也会这样说：“我已经很努力工作了啊，可我为什么还没有加薪升职呢？”“我已经很努力学习了啊，可我的技术、经验进步得不够理想呢？”

这时，我很想问问这些人，你到底努力到了什么程度。是只是表面上的努力，还是只比别人多努力了那么一点点，还是竭尽全力？我想大多数有上述抱怨的人恐怕都只是前两者吧。如果是竭尽全力的人，是肯定不会有这样的抱怨的。

而我所谓的努力，甚至还不只是竭尽全力，而是一种拼命的状态，一种能让所有人感动的状态。

这是最高级的努力。但是也只有这种努力，才能让我们有更好更快的收获。

我记得这么一个寓言故事。

在非洲的大草原上，原本生活着无数的羚羊，它们没有天敌，快乐自在地生活着。可有一天，羚羊的领地来了一群狼。为了不被狼吃掉，羚羊们开始努力地练习奔跑，同时狼群为了获取食物，也在努力地练习奔跑。

直到有一天，羚羊遭到了偷袭，不少羚羊都被抓住了。临死前，羚羊们问狼：“我们每天都在竭力练习奔跑，可为什么还是被你们抓住了呢？”狼王看了看羚羊，冷冷地说：“你们只是竭力奔跑，而我们却是拼了命在跑，我们的努力，能把自己感动哭。”

从这个寓言中我们也可以看出，努力只是竭尽全力还不够，我们还要拿出一种拼命的姿态，甚至将自己感动哭。在努力的道路上，只要有稍微松懈一点，我们就可能像那些羚羊一样，被别人追上，甚至被别人取代。

人的潜能是无限的，当你达到了最高级的努力时，你就会发现，有源源不断的能量注入你的身体，让你自然地爆发出更强的能量。

以前，美国有个叫泰勒的牧师，他在一次面向教会学校的学生讲课时，给学生们布置了一个作业：如果有谁能背出《圣经·马太福音》中第五章到第七章的全部内容，他就邀请谁去西雅图的“太空针”高塔餐厅参加免费的聚餐会。

《圣经·马太福音》中第五章到第七章的内容有几万字，也不押韵，要背出来可谓相当困难。尽管学生们都想去参加这次聚餐会，但他们仅仅尝试背诵了几次，就望而却步了。

几天以后，只有一个11岁的男孩站在了牧师面前，他完整地将这些内容背了下来，中间没有一个字出错。

牧师很清楚，就是成年人，要完成这个任务也是非常困难的，而这个孩子却做到了。牧师很好奇：“你是怎么做到的？”孩子告诉牧师：“我日夜背诵，拼了命地背诵，然后我就发现我真的能将它背诵下来。”

后来，这个男孩成了著名的软件公司老板，他的名字叫比尔·盖茨。

可见，只要我们用拼命的状态去努力，潜能就会源源不断地注入我们的身体，让我们取得我们想要的成就。

每次看到这些成功人士的努力状态时，我就会想，我是不是也能这么努力。因此，自从进入纹绣行业的教育培训以来，我每年的乘车记录都超过90%以上的旅客，每年的讲课场次都在300场左右，几乎每天都有一场，而剩下的时间呢，我要么在学习，要么在带新人，我几乎把能用上的所有时间都用上了，我为的就是，不能有一点点松懈，只有最高级的努力，才能换来最高级的享受。

我很喜欢陈飞老师说过的一句话："哪种耀眼的人生，不是拼命的努力来铸就的？哪个璀璨的姑娘，不是通过努力来获得丰盛的。"所以，我们一定要拿出最大的努力，勇敢坚毅地走下去，走下去。

| 把时间看成是你的敌人 |

时间是上帝给我们的资本，命运之神对时间的分配是公平的，给我们每个人的都不多不少，正好是每天24个小时。

但是，虽然时间的时长是一样的，我们每个人利用时间的方式却是不一样的。在同样的24个小时内，有的人在工作、学习，而有的人则在游戏、娱乐。有的人在忙碌中感叹时间过得太快，有的人却在茫然中感叹时间过得好慢。

毫无疑问，我们需要赞美的是前者。我想，也许我们都曾在某个时间，体会过时间的珍贵、时间的紧迫。

既然这样，我们就一定要紧紧地将时间抓在自己手中，而不是任由时间在自己这儿无所作为地消失。

我们要学会的是把时间看成是我们的敌人，每一分每一秒都要充分利用到，而不是去设想还有下一分下一秒。一分一秒的浪费都是努力的人所不允许的。

时间女神是公平的，成功女神却是挑剔的，她只让那些把时间看成是自己敌人的人接近她。因此，我们一定要利用好每一分每一秒的时间，让它为我们的成功服务，而不是为我们的平庸、玩乐服务。

对于时间的把握，在长期经营事业的过程中，我理出了以下几点。

首先，我们要坚持一个80/20原则。我们要把自己的精力用在最出成绩的地方，也就是俗语说的“好钢要用在刀刃上”。只要我们细心地总结一下我们做事的时间过程，我们就可以发现，其实我们投入了80%的精力去做的事，最后只得到了20%的收益，我们经常是把大部分时间用在了并不算重要的地方。

我认识的一个油漆销售员，他在干这行的第一个月，只挣了1600元。月末的时候，他仔细分析了一下他的销售图表，发现他这些收益的80%来自于其中20%的客户，但他对所有客户的时间分配却是一样的。于是，他第二个月调整了策略，他不再平均分配时间给客户，而是将80%的时间用在了那些最有希望的客户上，这也让他尝到了甜头，第二个月时，他就为自己挣到了8000元，是第一个月的5倍。

所以，我们要仔细分析一下自己的时间分布图表，找到自己最容易出成绩的事情，然后用我们大部分的时间去做它。

其次，我们对于事情，一定要秉持一个“现在就做”的概念，一定不要有拖延。你每一次的拖延，都是对时间的一种浪费。我记得有一位成功的企业家，当人们问他有什么秘诀时，他只说了四个字“现在就做”。拖延是一种病，有很多人习惯于做事要“等待好情绪”“等待好状态”，他们并不知道，其实好状态、好情绪都是干出来的，而不是等出来的。这就好比种树，最好的时间，要么是20年前，要么是现在。

还有，对于时间我们要有一个成本的观念。不要在无谓的事情上浪费太多的时间是我们应该秉持的一个标准。例如，为了一元钱去排一小时队，为了省几毛钱步行几站地就不是好的选择。因为同样的时间，做上述事情也许只有几元几毛的“收益”，而花在重要的事情上面时，我们所能得到的就会更多。因此，我们在做这些事情时，就要衡量一下，这些时间花费得值不值，如果不值，就应该果断地放弃。

对自己越狠，离成功越近

真正渴望成功的人，我想都是能对自己下狠手的。而那些总是对自己放纵的人，则永远只会走在别人的后面。

几千年前孔子就说过，“生于忧患死于安乐”。如果一个人习惯了安乐，那么他的未来也必将迷失，不努力的话就实现不了理想。因此要想成功，就一定要远离安乐，懂得对自己狠一点。

格力空调的总裁董明珠说过：“人要对自己狠一点，不管是生活还是工作，都要严格要求自己。”

我的起点是很低的，所以为了更早成功，我对自己也比很多人都狠。

我以前准备开理发店时，困难重重。没有钱，就四处找人借，没有技术，就去当学徒，没日没夜地学，甚至发高烧时也没歇息过哪怕一小会。

终于在2007年底，在家人和朋友的支持下，我在老家的县城开起了自己的理发店。由于我技术扎实、热情待客，理发店的生意还不错。

然而，在我准备大干一场的时候，也遭遇过打击。2010年，我扩大了经营。因为缺乏管理经验，店面选址比较偏僻，技术更新不及时，理发店的生意一落千丈。

为了扭转困局，我开始辗转昆明、北京等大城市学习先进的管理技术。有很多时候，我是坐了十几小时的硬座火车以后，一下车就拎着行李直接奔向学习地点。学习完了才找住宿。饿了的时候，通常就是一碗泡面。

我现在记得很清楚的是，那年中秋节，当别人都合家团圆的时候，我还一个人住在昆明的小旅店里，一直学习到晚上十一点。到饿得不行的时候，我才发现自己还没吃晚饭。那时，我也想出去买点月饼，或是吃点好的，但想着这些东西自己还没完全掌握，吃了一碗方便面，又埋下头继续学习了。

就这样，我不断地给自己下狠手。在学成归来后，我重新选择了店面位置，更新了自己的管理方式，热情地对待顾客，努力做好服务，得到了越来越多顾客的认可，生意也再一次走上了正轨。

生命的力量是无穷的，人的潜能更是无限的，不要害怕自己压榨不出自己的能量，只要你能对自己下狠手，你就会发现自己的潜能会被源源不断地激发出来。潜能就好比弹簧，你施加的压力越大，它释放的能量也会越大。

相信我们很多人也有过这样的经验。你在挑担子的时候，如果你认为自己只能挑起50公斤的重物，然后你试了试觉得比较重，心想要是掉10公斤会更好。可在你尝试40公斤的时候，用不了多久你又觉得挺重了，于是再减少，再减少，到最后，可能你只挑10公斤也会觉得很重了。

相反，同样是如果你认为自己能挑起50公斤，在这个基础上你加5公斤，你在挑的时候肯定感觉很累，但是咬咬牙你竟真的能挑起来。最后，你竟然会发现自己不但能挑起50公斤，甚至能挑起60公斤、70公斤、80公斤。这就说明，只要你能对自己下狠手，你就会发现原来自己也是可以的。

不要说自己没有潜能，不要说自己很平庸。有很多时候，你没有成为理想的自己，原因就在于你对自己松懈了，不能严格地要求自己。

有一种脊柱中空的鱼叫腔棘鱼，科学家曾一度以为它们已经全部灭绝。但是在1938年，人们却在南非11000米深的海底发现了它们的踪迹。那里的环境极为恶劣，压力强到即使是普通的钢铁构件也会被压得粉碎，但腔棘鱼却顽强地活了下来。

动物如此，人亦如此。不要想着把自己放在安乐之中，我们更应该做的是，把自己放在艰苦的环境之中，外界不对你狠，那就自己对自己狠。对自己狠一点，舍弃的只是蝇头小利，只是短暂的心灵安静，但我们最终能够得到的，却是良好的发展、长远的利益以及真正的心灵安宁。

真正聪明的人都在拼命成就自己

这个世界上，所有的英雄，所有的成功者，其实都可以看成是他们自己把自己“逼”出来的，他们对自己有高标准，有严要求，不允许自己有一点点沉溺于舒适区的表现，他们用拼命的态度，成就着自己。

他们站在我们仰望的高处，但我们看不见的，是他们的背后，付出了多少的艰辛，流下了多少的血汗。

没有人能随随便便成功，这是铁的规律。在成功的道路上，不要妄想有捷径好走，只有那些拼命成就自己的人，才是真正聪明的人。

音乐家奥里·布尔举世闻名，每次他演奏，都会引来人们的一阵惊叹。可他的成就是怎么炼成的呢？

奥里·布尔8岁的时候，就经常深夜起床，拿出自己的小提琴，演奏歌曲，直到长大成人，这种努力都没有间断。在这个过程中，贫穷与疾病，甚至是父亲的激烈反对，也没有让他丧失刻苦训练的决心。因为他的勤奋和刻苦，他打破了一切的障碍，最终闻名世界。

在这个世界上，有的人似乎只有别人来逼迫他们，他们才会行动起来。而实际上，真正聪明的人是不会让别人来逼迫的，他们总能自动自发地去努力，给自己提标准，提要求，让自己每天都在进步当中。

古希腊有一位很有名气的演讲家，他的演讲非常生动，每次都能吸引很多人的注意。可谁知道他年轻的时候却有口吃的毛病，经常受到别人的嘲笑。

为了改正自己的缺陷，他坚持每天练习说话。有的时候他甚至跑到山顶上，嘴里含着小石子，以此来训练自己的口型，摸索发音的规律。在这种勤奋的练习之下，他改掉了口吃的毛病，同时还超越了很多正常的人，说出了一口流畅悦耳的话，实现了他想成为演讲家的梦想。

这就是拼命成就自己的典型实例。成功者不会给自己留退路，总是自己硬着头皮上，他们逼着自己向前冲，任何困难和障碍都改变不了他们的决心。他们用的是笨办法，但实际上他们却是极聪明的一群人。

这是个很有意思的时代，表面上看，我们要想成功，是需要弯道超车的，于是有很多机构打着各种幌子，宣称找到了一些方法和技巧，诱使我们上当。然而，最后你会发现，真正的成功者并不是这些人，而是那些始终在踏踏实实下着笨功夫的一群人。

就像李嘉诚。他有一个时间表，要求自己每天在睡觉前一定要看书，12点的时候必须睡觉，早上5点59分时必须要起来，他严格按照这个时间表行事，从不违反，这样一直坚持了半个多世纪。先不说其他，单是李嘉诚的这一份自律，我想就是很多人做不到的。如果我们也可以做到，也许我们成不了李嘉诚第二，但我想也不会差很远了。

所以，“拼命成就自己”看起来是笨办法，但却是唯一的办法。就像胡适所说：“这个世界聪明人太多，肯下笨功夫的人少，所以成功者只是少数人。”

我们不应该让自己成为那多数人中的一员，我希望的是，我们也能像那些功成名就者一样，用“拼命地成就自己”的笨功夫，来真正地成就自己。做人，一定要对自己狠一些，多逼一逼自己，多给自己提一些严格的要求。一件事情，能做到十分的，就做十一分，十二分，绝不九分交差。如果每一件事我们都力求完美，那久而久之，我们的能力自然地也会提升一大截。

| 真正的强者都在含着眼泪奔跑 |

真正的强者，不是没有眼泪的人，而是能够含着眼泪奔跑的人。

人生多艰。我们每一个人一生中都会遭遇各种各样的灾难，这些灾难让我们苦闷，但我们不能被灾难击垮，流泪之后，我们要的是擦干眼泪，重新给自己一份坚强，一份自信，一份洒脱，不卑不亢地继续奔跑。

我为什么要做美业呢？有很大一个原因就是我天生形象并不好。之前因为形象问题，我在找工作时屡屡被拒，自己也深受打击。那时，找不到人诉苦，晚上就只好自个儿抹泪。

但是，流完泪之后呢，我又会重新站起来，挥舞着拳头给自己打气："我一定要改变自己的容貌，让自己变美。"

这是我最大的愿望，也是我在流过眼泪后的最大的期许。于是，我无时无刻不在想着把自己推向美业。含着眼泪奔跑的我是幸运的，虽然经历了各种各样的困难，但我最终还是在美业中站稳了脚跟。

这个世界虽然很冷但也很暖。很冷的是，不知道什么时候灾难就会降临到我们头上，让我们猝不及防，让我们心灵煎熬。很暖的是，哭过之后，只要我们继续前进，我们就有希望。

我国的女子跳水冠军陈若琳就是一个含着眼泪奔跑的强者。

陈若琳15岁时就获得了奥运冠军，还获得了十数个世界跳水冠军，但这些耀眼的成绩背后，却是那些难以言说的艰辛。

陈若琳3岁的时候，因为父亲病重，她的母亲抛弃了她们父女二人，带着她的哥哥去了国外。是公婆收养了她。当别人家的孩子围着父母撒欢时，陈若琳却只能一个人面对孤独的困扰。

因为有太多磨难，陈若琳的身体长得并不好。为了让她能长好身体，她的公婆常让她练习跑步。跑步是个苦差事，陈若琳人又小，常是边跑边哭。可是虽然哭，她却从不停歇。她的外公让她休息一会儿时，她也不愿意。她希望用这种奔跑的方式，来缓解自己内心所受的痛苦。

后来，陈若琳的运动天赋被跳水教练发现了。她也从此和跳水结下了缘。

跳水的训练也是痛苦的，受伤简直是司空见惯的事。7岁那年，陈若琳因为训练，和队友撞在一起，右肘关节脱臼。为了早日康复，教练用“正骨术”强行将她的手臂复原，陈若琳要承受的是成年人需要两个壮汉前后扶住才能承受的巨大痛苦。手术中，陈若琳大声地哭喊着，这让前来看她的外公外婆心碎，他们劝陈若琳放弃跳水。可陈若琳不，她咬了咬牙，哭过之后又走上了跳水台。

最终，陈若琳站在了跳水的最高领奖台上。含着眼泪奔跑的人，得到了上帝的奖赏。

世界上没有哪件事是不辛苦的，也没有哪里的人事是不复杂的。遇到了什么，甚至是遭到了灾祸，都是很平常的事，你可以流泪，可以发泄，但不能在眼泪的阴影中走不出来。成功只属于坚毅的人，属于能擦干眼泪继续前进的人。

再累再苦都要坚持，流血流汗也要把事情做完，这才是我们应该坚持的准则。你要相信，只要你不倒下，你就能获得你想要的东西。你要知道，世界上从来没有天上掉馅饼的事。普通的花草种子都需要穿过沉重黑暗的泥土才能在阳光下发芽，普通的小鸟也要经过千锤百炼和暴风雨的洗礼，失去无数的羽毛才能振翅飞翔，更何况，我们是最高级的生物。

人生多艰，万物相生相克，无低则无高，无下则无上，无苦则无甜。唯累过，方得闲；唯苦过，方得甜。

第十章

你的努力，这个世界看得见

陈力瑷/文

你要相信，你的每一步努力，世界都记着，它会在最合适的时候将这些努力叠加起来，给予你最想要的生活。你要相信，你的每一步努力都不会被辜负，它回报你的即便不是现在，也必然会在将来的某个时刻到来。你要做的，就是去努力，就这么简单！

| 世界从来都不是公平的，努力是你唯一的出路 |

世界是不公平的，而这种不公平也在一定程度上造就了人与人之间的差异。

比如有的人一生下来就被贴上“富二代”“官二代”的标签，有的人天生就英俊漂亮，有的人事业上一直有亲戚帮忙……就是在同样的事情上，也是不公平的，也许有的人第一次尝试就取得了成功，而有的人尝试了很多遍，却依然没有收获。

我想，由于我们亲眼所见的“不公平”的事情太多，我们中的很多人心里肯定有过抱怨：“为什么他们天生富有，我却只能在底层挣扎？为什么他们有那么好的运气，而我的境遇却一直这么糟糕？”

我们该抱怨吗？我想是不该的。抱怨有什么用，你抱怨了，别人的还是别人的，他们的成功、富有、英俊漂亮与幸运都与你没有关系，你要想成为他们那样，只有靠你自己的努力去完成，除此以外，别无他法。

拿我自己来说吧。

我出生在一个非常普通的工人家庭，早年跟随父母一起在新疆建设兵团生活，后来父母离异，我随母亲迁回四川。在别人一家团圆的时候，我却只能和母亲一起。

在四川，母亲一人抚养我和两个哥哥，她先在马尔康一家国营旅馆工作，严酷的自然环境和微薄的工资收入对我们一家是一个严峻的挑战。为了让我们兄妹三人填饱肚子，母亲经常在正式工作之外去寻找兼工，经常只身一人奔波上千公里贩运木材，只为挣几十块钱补贴家用。

我就在这样的环境里长大，单亲、穷困是我们家的“标签”，仅这一点就是不能和太多的同龄孩子比较的。

我天生被放在了这样的环境里。我唯一能做的就是努力，然后改变自己的处境。

后来我做了导游，我很珍惜这份工作，而且从不松懈。我当时经常跑泰国，那时我完全不谙世事，青涩且莽撞，但生活的窘境告诉我，我要生活，我不能再给母亲和哥哥增加麻烦，所以尽管我内心充满了惶恐和不安，尽管很多事情我都不知道怎么处理，但我还是硬着头皮完成了我人生中的第一次出团。在接下来的若干年里，我一直从事导游工作。说不完的话，坐不完的车，生不完的气，流不完的泪，就连年三十、初一也需要奔波在旅途上，周旋于游客之中……

十八年来，虽然很苦很累，但是我靠自己的努力已经一点点地改变了自己的处境。我没有抱怨过，我只是在尽力向上攀登，也许我一开始是落在了别人后面，但未来，我不一定就在别人后面。

努力，然后改变自己的处境。如果你还在抱怨这个世界的“不公平”，那么我劝你还是停止抱怨吧，别的你做不了，但是努力是你能控制的。

让我们再看看那些成功人士，你就更能明白努力改变的重要性了。

乔丹被称为“飞人”，享誉世界。但当初他在高中时，篮球技艺却并不是最好的，甚至有很长时间他都打不上主力。为了进步，他每天都要求自己练习投篮300次以上。这使得他每天都是最后一个走出训练场的人。这样坚持了几年，他从默默无闻变成了名声在外，也为他在大联盟里取得成功打下了深厚的根基。

还有写下《哈利·波特》的J. K. 罗琳，她离婚后才开始写作，那时她唯一的收入就是政府的救济，每周100美元。为了完成写作，她只能到咖啡馆里创作，而且每天只能喝一杯咖啡。就是在这样艰辛的环境中，她完成了这部伟大的长篇作品。

成功的人是从来不会拿自己的境遇去和别人比较的，他们也不会抱怨世界的“不公平”，因为他们知道，正是因为不公平，才成就了一个人。我们每经历一次创伤，其实都是让我们离成功更近一步。关键就看我们能不能努力了。

不是不够幸运，而是不够努力

表面上看起来，有的人是幸运的。如捡拾宝石，有的人刚到一个地方，可能就发现了一块好玉，有的人找了千百遍，却仍是一无所获。

这看起来“不公平”的事情，让我们开始羡慕别人。可是我们也许并不知道，他们的幸运其实只是他们之前无数次努力的结果。

越努力，越幸运，这是现在被很多人提起的一句话，我也特别相信努力和幸运是成等比关系的。你努力得越多，幸运女神就越会光顾于你。

同样拿找宝石来说吧。

现在全世界最大钻石的发现者，名叫索拉诺，是他找到了这颗名叫“自由者”的钻石。很多人认为索拉诺是幸运的，但是很多人不知道的是，索拉诺在找到“自由者”之前，他已经找到过100万颗以上的小鹅卵石，是最后才发现这颗大钻石的。

索拉诺的幸运来源于他之前的不懈努力。我想，如果没有他之前的那些努力，他是很难发现这颗钻石的。我不排除幸运确实会光顾一些懒惰的人，但这毕竟只是非常小概率的事件，对于我们大多数人来说，要想自己也得到幸运女神的眷顾，那就必须得努力起来。

我记得有这么一个故事。

故事讲的是很久以前，一个偏僻的村庄里，住着一个穷人，他只有一小块田地。有一年，田里没有什么收成，他最后得到的只是一小袋种子。

后来，在可以耕种的季节，每天天刚蒙蒙亮，他就从床上爬起来，到田里开始播种。这天播种时，他非常小心，生怕遗失了一粒种子。中午的时候，太阳已经很大了，他感到十分疲惫，就躺在田边一棵大树下休息。

他坐下的时候，一些种子从袋子里滑了出来，掉进了大树树干下的树洞中。尽管只是一小部分种子，但他并不忍心放弃，他想，种子本来就很少，哪怕一粒种子的丢失对于他来讲都是损失。

因此，他找来铁锹，开始挖这个树洞，希望能找回种子。太阳火辣辣地炙烤着大地，他的汗水浸透了衣衫，但他一刻不停地挖。就在他挖到种子时，他发现它们掉在了一个被埋着的盒子上面。打开那个盒子时，他惊呆了，盒子里放满了黄金。

之后，那个人变成了富人。有很多人都对他说："你真是世界上最幸运的人。"而他总会回答说："我的确很幸运，但这幸运都是源于我辛勤的劳作和对种子的珍惜啊！"

是的，没有他的那份努力，也就不会有他的那份幸运了。

很多时候，当我们羡慕别人的幸运时，我们本身的出发点就可能是错误的。因为我们自己也能获得幸运，只要我们努力起来，幸运女神说不准就会光顾我们。如果说我们还不够幸运，那唯一的解释就是，我们还不够努力罢了。

努力的幸运，不是偶然，而是必然。你若盛开，清风自来，你若努力，世界也不会辜负。所以，不要再一味地羡慕别人，只要你努力，你会发现你也可以。

我的经历也是一个例子。2013年1月，做了十几年导游的我决定转行，开始经营散客拼团。刚起步时，我一个人打理业务，经常是早上六点出门，晚上十二点才回家。忙忙碌碌一年，还只是勉强能养活自己。

但是，到2014年时，我的情况就有了很大的变化。那年我决定组建团队，以用户触点建设为核心。4年下来，我的业务开始步入正轨，回头客越来越多，合作伙伴也越来越多，公司看到了成长的希望，而我也从一次又一次的转型中，发现“越努力，越幸运”真的是一个颠扑不破的真理。

我在过去的时光里，努力，前行，然后成就了我自己。

我希望你们也能这样，用努力收获幸运，而不是像守株待兔一样，傻傻地等待幸运的光临。

| 你的每一次努力，世界都看在眼里 |

是选择安逸舒适的生活还是选择勤奋刻苦的生活，主动权操在我们自己手中。选择前者，我们会得到暂时的安逸，选择后者，我们会得到比现在更好的安逸。只不过，若是选择后者，那份安逸到来的时间不是我们所能确定的，或许它会很快到来，或许它会很久之后才到来。

这种未来的安逸有着不确定性，但是我要说的是，你的努力终将会得到回报，你的每一次努力，世界都会看在眼里。上天会根据你现在的努力情况给你打分，然后评判给予你这份你最想要的安逸生活的时间值。

不要以为付出了不会有收获。努力就好比播种，一分耕耘，一分收获，耕耘越多，收获越多。

我不相信命运的安排，我只认努力的成果。

不过我想，可能很多人和我不一样。他们总是希望自己每一次的努力都能获得回报，所以他们在努力之前，都会再三权衡，如果看不到回报他们就会放弃。只有他们眼前看得见回报时，才会放手一搏，努力去付出。

然而，我想说的是，努力并不是投资。它带来的回报并不是立竿见影的，有时候你的努力可能要很多年以后才能有所收获，但不管时间多长多久，这份回报都会来到你的身旁。

举个很简单的例子。比如我们读书，从很小的时候打下的根基，也许走上工作岗位才能给我们带来实质性的收获。这中间会间隔十多年，虽然时间很长，但小时候的那份努力却从未被世界遗忘，它会在你最需要的时候赐予你。这就是努力的价值。

努力是播下希望的种子的一个过程，有了努力便会有期待，在你的成长过程中，它会生根会发芽，会悄无声息地发生转变。虽然你暂时体会不到，但它们确实在发生，并会在合适的时间给你带来惊喜。

我有个朋友，他开了一家制衣厂，创业初期的时候，条件非常艰苦。为了事业，他每天一大清早就外出采购、推销，中午时则赶回工厂和工人们一起吃份简单的午餐，下午再次外出采购、推销。到了晚上，他又回到厂里，担任操作工、技师。

他每天都这样忙活，每天都这样努力，从来没有怨言。他对于质量的要求非常严格，每一道工序都要亲自把关。他身上好像有干不完的活，每天不做到凌晨是不会休息的。

不久，他的努力就得到了员工的认可，得到了供货商、经销商的认可，他的努力一点一点地被积累在和他有关的人和事上。工厂的第一批衣服生产出来以后，很快就顺利地销售了出去，接着，一批又一批的订单竟纷至沓来。

我们可以想象，如果没有他一点一点努力的积累，他的工厂是达不到这样的成果的。所以，对一个想要成大事的你来说，不要自己去衡量努力的收获值，不要把努力看成是投资。回报不在于一时，而应是一世。如果你停下努力的脚步，自暴自弃，那你才是真的输了。

东晋平定苏峻、祖约之乱的将军陶侃，他在广州任刺史时，没有重大的公务。在别人眼中，这是一个“安逸”的差事，但他却不敢懈怠。每天早晨，他都要搬运一百块砖放在书房的外面，到了晚上，他又把这一百块砖搬回书房。有人问他为什么这样做，他回答说：“我正在努力收复中原失地，我生怕生活过得太优裕，将来不能肩负重担。”

陶侃的努力没有白费，不多久，东晋就爆发了苏峻、祖约之乱，而他也毅然奋起，为稳定东晋政权，立下赫赫战功，这都是他平时努力的结果啊。陶侃没有预见性的眼光，他的努力，只是为了将来能有用武之地。而当国家需要他时，他也适时地得到了最好的回报。

因此，不要去衡量你的努力是否会有即时收获，因为世界早已看在眼里，你只需要自动自发地去努力就够了。

| 所有的努力，都会开出花结出果 |

“天道酬勤”，这句话很好理解，说的就是你只要努力地付出了，上天一定会让你的努力开花结果，天道是不会辜负你的。

一个人能不能有所作为，看的是他平时的努力程度，你的努力够了，你想要的作为，想要的成绩就自然会到来。

我想运气大概是有的，但是千万不要依靠它。这就好比守株待兔的故事，一次的幸运让农夫以为他可以依靠运气生活，然而运气只光顾了他一次，绝不会再光顾他第二次、第三次，他也最终落得个穷困潦倒的结局。

只有努力，得到的收获才是长久的。

就拿我自己来说吧。

2003年1月，爆发了“非典”，国家出于抗击疫情的需要，严控民众出行，旅游业一夜之间门可罗雀，旅行社瞬间哀鸿遍野。我失业了。

但是失业并没有让我失去做旅游的兴趣。没有收入，我就干起了摆地摊售卖生活必需品的营生。差不多一年时间，摆地摊始终不见起色，家里几乎到了吃上顿没下顿的地步，年幼的女儿饿得面黄肌瘦。在这样艰难的日子里，我仍然没有放弃对旅游业的热爱，只要一有闲暇时间，我就会学习旅游业的知识，学习导游经验，学习管理经验。

非典疫情过后，我又回到了旅游业，因为平时的知识积累，做得也比以前好了很多。

2008年5月，汶川大地震，四川的旅游业再一次遭受重创，我再次陷入无事可做的境地。屋漏偏逢连夜雨，2009年3月，我母亲又被查出鼻咽癌。为了维持家庭的日常开销，为了给母亲治病，我不得不再次和朋友一起摆地摊。同时，我更加紧学习，决心要用最好的状态迎接四川旅游业的复苏。

2010年，四川的旅游业逐步回暖，我惊喜地发现我的努力并没有白费，我之前在艰苦环境中的付出让我的事业又上了一个台阶。

这所有的所有，都是努力的结果。如果我不努力，我想我是不可能一下子就融入到复苏后的旅游业中的，也不可能那么快取得成就。

再艰难的境地，我都告诉自己要坚持，要努力，要执着地去追求自己的事业。在这些经历中，我越发相信，所有的努力，都会开出花结出果。

努力是最实在的东西，人生百年，要想有所成就，终归还是努力最靠得住。

我读过一篇故事，或许对我们更有一些启示。

1920年的时候，有个叫凯特的女孩出生在美国田纳西州。随着年龄的增长，凯特渐渐发现了自己与别人的不同，那就是她没有父亲，周围的人对她有着明显的歧视，因为她是一个私生子。

13岁那年，凯特在教堂碰见了一个牧师，她伤心地向牧师叙述了自己的遭遇。牧师抚着凯特的头发说道：“所有人都是上帝的孩子，没有什么不一样的。过去不等于未来，你只要现在开始努力，乐观积极地行动，那么成功就是你的。”

凯特被牧师的话深深地震憾了。从此，凯特变了。她发奋学习，努力练习各种技能。40岁那年，她担任田纳西州的州长，之后又弃政从商，成为世界500强企业之一的公司总裁，成为全球赫赫有名的成功人物。

回过头来，我发现我从陈飞老师那儿学到的也是一样。以前我迷茫时，是陈飞老师告诉我一定要努力，只有努力才能开出真花结出真果。

我现在体会到了。我想告诉你们的也是，不要看到现在有的人比自己过得更好就觉得努力和回报不成正比，其实你错了。别人过得好，只是别人的努力你没有看到而已，你只要努力了，回报可能不是现在，但它总会在人生的某一个时间段让你受益。

努力起来，成为幸运的见证者

我前面说过，人生是一个“越努力，越幸运”的过程，努力起来，我们都会成为幸运的见证者。

洛克菲勒说过：“要想成为富翁，需要三种东西。第一，是幸运，第二，是幸运，第三，还是幸运，但是你得懂得利用这些幸运。”任志强也说过：“命，是失败者的借口；运，是成功者的谦词。失败者说命不好，心里却后悔，当初没尽力；成功者说是命好，心里却清楚，付出的代价。命运，不是什么神秘的力量，而是自我的花结出的果。您如何选择，命运就如何发生。想要知道费了多少心，只需看树上挂了多少果实。人生，越努力，越幸运。”

是的，幸运并不是玄奥的事情。它也是我们能够把握的，说到底，它是努力争取后的结果，是我们的胆识与智慧交织出来的结果。

幸运随时都可能降临，但是要想成为幸运的见证者，我们就要具备四种品质。

首当其冲的当然是努力。努力能够弥补一切，“勤能补拙”就说明了这一道理，努力是一种向上的能量，我一直相信，只要你努力，它就能改变你的一切，包括你的境遇，包括你的明天和未来。有可能你至今还默默无闻，但是只要你下定决心努力，无论你是一个天资怎样的人，你都一定会成为一个优秀的人。

其次是认真，认真的人可以说是最美的。做事认真的人，潜意识中就会注意到事情的每一个细节，并且将这些细节做到最好，汇聚到一整件事上，那这整个事情也会做得非常完美。生活中，我们能看见那些做事极度认真的人，他们总会受到人们的喜爱。试问一下，这样被人们喜爱的人，他们能不幸运吗？人们有需要时，首先就会想到他们，给他们提供各种各样的机会。

再次是坚持。我们做任何事情都要坚持，坚持就是胜利，半途而废的人是享受不到成功的喜悦的。坚持是一个不断持续的过程，要坚持我们就要把所有的小事情做好，积少成多，最后做成大事情。能够坚持往前冲的人，就算没有运气的辅助，他们也一定能凭着这股冲劲，使自己过上美满的人生。不是有句话叫作“精诚所至，金石为开”吗？

最后是信心。做任何事情我们都不能丧失信心，这个世界上没有什么事情是你无法解决的，只要你相信自己能行，你就一定能行。因为有了信心，我们也会每天都充满正能量，永远不知道疲惫，永远向前航行。

幸运最眷顾的，也就是具有这些品质的人。无论是谁，都喜欢坚毅勇敢者，命运亦然。这就是幸运的轨迹，幸运的特质。运气有偶然，但更多的还是必然，因为它是被具有这几种特质的人吸引来的。

科比在很多人眼中都是一个幸运的人，他能力全面，走到哪里都有超高的人气。可这份幸运也是来源于他的努力、认真、坚持和信心。曾有记者问科比：“你为什么能够如此成功？”科比没有直接回答，却反问记者：“你知道每天凌晨四点时，洛杉矶的街头是什么样子吗？”记者摇了摇头。科比说：“可我知道。”说到这里，科比停顿了一下，继续说：“每天凌晨四点，当人们还在梦乡时，我已经在练篮球了。十多年来，我天天如此，从不间断。十多年来，虽然洛杉矶的街头还是老样子，可我已经变了，变得更有力量，投篮也更高效了。”

你看，科比的幸运不是上帝的一时兴起，而是上帝对他努力的回报。

还有一个叫鲁哈迪的美国人也是。

鲁哈迪大学毕业以后，正好赶上经济不景气，找工作特别难的时期。他来回奔走，后来好不容易才找到了一份电器助听器经纪人的职位。他知道这份工作很不安定，但他也不敢奢求。接下来的两年，尽管他觉得工作没有什么趣味，但他仍想努力地做好它。

然而干着干着，他发现，自己越努力，得到的机会就越多。这促使他更加积极，销售成绩不断提高。不久，他又得到安德鲁电话录音机公司社长的欣赏，让他做了录音机公司助听部门的销售经理。

很快，鲁哈迪又被保送到佛罗里达，学习完成后回到总公司，他又成了公司的副社长。因为努力，他仅用六个月时间，就得到了别人需要十年工作才能换来的地位。

鲁哈迪的故事同样告诉我们，努力了，幸运女神自然就会眷顾我们。所以，能不能成为幸运的见证者，不取决于幸运女神如何安排，一切都取决于我们自己。

努力是幸运的前提，这一点在任何时候都不会发生改变。

| 努力起来，成为你想成为的人 |

时间是最好的见证者，努力起来，你终究会成为你想成为的人。

我想我们每个人幼时都曾有个梦想，想象着自己将来会怎样。可是长大以后，有很多人的人生轨迹却并没有按自己设想的方式走，这其中固然有很多因素，但如果我们反问自己一句“你努力了吗？”，或许更容易找到答案。

如果你想成为自己想成为的那种人，那你就要一直朝那个方向努力，付出你的诚意和精力，行动，然后坚持，你就一定能见证自己的成长和蜕变。就像成功学家安东尼·罗宾说的那样：“如果你想成为什么样的人，就得下决心像那种人一样去思考、感觉和行动，最后我们就真的能成为那样的人。”

有这么一个孩子，他从小就很爱玩石头，想像着自己能在奇石界纵横驰骋。于是只要有点空闲，他都会去山下寻找各种稀奇古怪的石头，搜得了石头，回到家以后他就会把自己关在屋子里，一遍又一遍地抚摸这些“宝贝”。

他的父母认为他不务正业，他们不理解世界上有那么多好东西，孩子却只对普通的石头感兴趣。

一开始，父母并没在意。可最后他们见孩子已经到了痴狂的地步，他们开始阻止他。他们把孩子捡来的石头一个不留地扔在了山谷中。

但是孩子呢，他总会偷偷地把那些石头又捡回来，藏在更隐秘的地方。他就好像着魔一样，整天对着那些石头，研究它们的纹理、质地。不过，因为他没有专业的设备，走了不少弯路，但他还小，他努力习得的经验也在一点一点地积累。

高中毕业，孩子落榜。他去了一个建筑工地打工。然而，他仍然痴迷于石头，还买了很多这方面的书籍。渐渐地，他通过努力摸出了门道。他不但能够一眼就认出一块石头产自哪里，是什么质地，甚至还能看出石头中蕴含的矿物质。

有一年，他来到了云南，看见一群人正在赌石，他立即就被吸引住了。凭借自己对石头的研究，他把身上的钱都押在了他看中的石头上。结果，他每次都能赌准。渐渐地，他不仅富甲一方，而且也真的成了远近闻名的石头鉴赏家。

他的努力没有白费，他的努力让他成了他想成为的人。

我也一样，我希望我可以在旅游这个行业中走得更远。在十几年的不懈努力之后，我基本还算达成了目标。2013年5月，我与人合伙成立了一家旅游公司，经过5年时间的努力，现在有团队成员20多人，每年的旅游销售额接近1000万。虽然公司不大，销售额也不高，但总的来说，我还是挺满意现状的，这也算得上是努力对我的回报。

努力起来，成为你想成为的人吧。如果你现在的生活和你期待的不一样，不要抱怨，你还可以重新来过。摩西奶奶在77岁时才开始作画，照样能成为世界知名的画家。

不要害怕失败，不要害怕磨难，努力不分早晚，只要你愿意，在任何时候你都可以为成为你想成为的人而奋斗。